高等学校Java课程系列教材

Java 2 实用教程

（第6版）实验指导与习题解答

◎ 耿祥义 张跃平 编著

清華大學出版社
北京

内 容 简 介

本书是《Java 2 实用教程（第 6 版）题库+微课视频版》（清华大学出版社）的配套实验指导与习题解答。全书分为两部分，第一部分为 15 个上机实践的内容，每个上机实践由若干实验组成，每个实验由相关知识点、实验目的、实验要求、程序运行效果、程序模板、实验指导、实验后的练习和填写实验报告组成，在进行实验之前首先通过实验目的了解实验要完成的关键主题，通过实验要求知道实验应达到怎样的标准，然后完成实验模板，填写实验报告；第二部分为主教材的习题解答。

图书在版编目（CIP）数据

Java 2 实用教程：第 6 版：实验指导与习题解答 / 耿祥义，张跃平编著. —北京：清华大学出版社，2021.7（2023.8 重印）

高等学校 Java 课程系列教材

ISBN 978-7-302-57964-9

Ⅰ.①J… Ⅱ.①耿… ②张… Ⅲ.①JAVA 语言 –程设设计 –高等学校 –教材 Ⅳ.①TP312.8

中国版本图书馆 CIP 数据核字（2021）第 065441 号

策划编辑： 魏江江
责任编辑： 王冰飞
封面设计： 刘 键
责任校对： 焦丽丽
责任印制： 刘海龙

出版发行： 清华大学出版社
网 址： http://www.tup.com.cn, http://www.wqbook.com
地 址： 北京清华大学学研大厦 A 座 **邮 编：** 100084
社 总 机： 010-83470000 **邮 购：** 010-62786544
投稿与读者服务： 010-62776969，c-service@tup.tsinghua.edu.cn
质 量 反 馈： 010-62772015，zhiliang@tup.tsinghua.edu.cn
印 装 者： 三河市人民印务有限公司
经 销： 全国新华书店
开 本： 185mm×260mm **印 张：** 13.75 **字 数：** 344 千字
版 次： 2021 年 7 月第 1 版 **印 次：** 2023 年 8 月第 8 次印刷
印 数： 31501～36500
定 价： 35.00 元

产品编号：090710-01

前言

党的二十大报告中指出：教育、科技、人才是全面建设社会主义现代化国家的基础性、战略性支撑。必须坚持科技是第一生产力、人才是第一资源、创新是第一动力，深入实施科教兴国战略、人才强国战略、创新驱动发展战略，这三大战略共同服务于创新型国家的建设。高等教育与经济社会发展紧密相连，对促进就业创业、助力经济社会发展、增进人民福祉具有重要意义。

本书是《Java 2 实用教程（第 6 版）题库+微课视频版》（清华大学出版社）的配套实验指导与习题解答，编写本书的目的是通过一系列实验练习使学生巩固所学的知识。

本书内容由两部分组成。

第一部分为 15 个上机实践的内容，这一部分由 49 个实验组成，每个实验由相关知识点、实验目的、实验要求、程序运行效果、程序模板、实验指导、实验后的练习和填写实验报告组成。

❶ 相关知识点

给出和实验相关的重点知识和难点知识。

❷ 实验目的

让学生了解实验需要练习、掌握哪些知识，实验将以这些知识为中心。

❸ 实验要求

给出实验需要达到的基本标准。

❹ 程序运行效果

程序的运行效果。

❺ 程序模板

程序模板是一个 Java 源程序，其中删除了需要学生重点掌握的代码，这部分代码要求学生来完成。模板起到引导作用，学生通过完成模板可以深入地了解解决问题的方式。

❻ 实验指导

针对实验的难点给出必要的提示，要求学生向指导老师演示模板程序的运行效果。

❼ 实验后的练习

提供了一些练习。

❽ 填写实验报告

实验报告中的一栏是根据实验提出一些问题或要求学生进一步编写代码。对于实验报告中提出的问题，学生需要编写一些程序代码才能给出一个正确的答案。学生必须完成实验报告的填写，并由指导老师签字。

第二部分为主教材的习题解答，仅供读者参考。

本书提供了书中全部实验代码模板，扫描各个上机实践首页的二维码可以下载。

欢迎读者提出批评意见。

作　者

2021 年 3 月

目录

第一部分

上机实践 10　输入和输出流

上机实践 11　JDBC 数据库操作

上机实践 12　多线程

上机实践 13　Java 网络编程

上机实践 14 图形、图像与音频

上机实践 15 泛型与集合框架

第二部分

习题解答

第一部分

上机实践 1　Java 入门

源码下载

实验 1　一个简单的应用程序

❶ 相关知识点

Java 语言的出现是源于对独立于平台语言的需要，即这种语言编写的程序不会因为芯片的变化而发生无法运行或出现运行错误的情况。目前，随着网络的迅速发展，Java 语言的优势越来越明显，Java 已经成为网络时代最重要的语言之一。

Sun 公司要实现“编写一次，到处运行（write once，run anywhere）”的目标，就必须提供相应的 Java 运行平台，目前 Java 运行平台主要分为下列 3 个版本。

（1）Java SE（J2SE）：称为 Java 标准版或 Java 标准平台。Java SE 提供了标准的 JDK 开发平台。利用该平台可以开发 Java 桌面应用程序和低端的服务器应用程序，也可以开发 Java Applet 程序。当前较新的 JDK 版本为 JDK 15。

（2）Java EE（J2EE）：称为 Java 企业版或 Java 企业平台。使用 Java EE 可以构建企业级的服务应用，Java EE 平台包含了 Java SE 平台，并增加了附加类库，以便支持目录管理、交易管理和企业级消息处理等功能。

（3）Java ME（J2ME）：称为 Java 微型版或 Java 小型平台。Java ME 是一种很小的 Java 运行环境，用于嵌入式的消费产品中，例如移动电话、掌上电脑或其他无线设备等。

无论上述哪种 Java 运行平台都包括了相应的 Java 虚拟机（Java Virtual Machine），虚拟机负责将字节码文件（包括程序使用的类库中的字节码）加载到内存，然后采用解释方式来执行字节码文件，即根据相应硬件的机器指令翻译一句执行一句。J2SE 平台是学习和掌握 Java 语言的最佳平台，而掌握 J2SE 又是进一步学习 J2EE 和 J2ME 所必需的。

❷ 实验目的

本实验的目的是让学生掌握开发 Java 应用程序的 3 个步骤，即编写源文件、编译源文件和运行应用程序。

❸ 实验要求

编写一个简单的 Java 应用程序，该程序在命令行窗口输出两行文字，即“你好，欢迎学习 Java”和“We are students”。

❹ 程序运行效果

程序运行效果如图 1.1 所示。

```
C:\1000>javac Hello.java

C:\1000>java Hello
你好，欢迎学习Java
We are students
```

图 1.1　简单的应用程序

❺ 程序模板

请按模板要求将【代码】替换为 Java 程序代码。

Hello.java

```
public class Hello {
```

```
public static void main(String args[]) {
    【代码 1】    //命令行窗口输出"你好,欢迎学习 Java"
        A a=new A();
        a.fA();
  }
}
class A {
  void fA() {
    【代码 2】    //命令行窗口输出"We are students"
  }
}
```

❻ 实验指导

（1）打开一个文本编辑器。如果是 Windows 操作系统，打开“记事本”编辑器，可以通过单击“开始”，选择“程序”→“附件”→“记事本”来打开；如果是其他操作系统，请在指导教师的帮助下打开一个纯文本编辑器。

（2）按照“程序模板”的要求编辑并输入源程序。

（3）保存源文件，并命名为 Hello.java。要求将源文件保存到 C 盘的某个文件夹中，例如“C:\1000”。

（4）编译源文件。打开命令行窗口，对于 Windows 操作系统，打开 MS-DOS 窗口。例如 Windows 2000/XP 操作系统，可以通过单击“开始”，选择“程序”→“附件”→“命令提示符”打开命令行窗口，也可以单击“开始”，选择“运行”，弹出“运行”对话框，在对话框的输入命令栏中输入 cmd 打开命令行窗口。如果目前 MS-DOS 窗口显示的逻辑符是“D:\”，请输入“C:”并按 Enter 键确认，使得当前 MS-DOS 窗口的状态是“C:\”。如果目前 MS-DOS 窗口的状态是 C 盘的某个子目录，请输入“cd\”，使得当前 MS-DOS 窗口的状态是“C:\”。当 MS-DOS 窗口的状态是“C:\”时，输入进入文件夹目录的命令，例如“cd 1000”，然后执行下列编译命令：

```
C:\1000> javac  Hello.java
```

初学者在这一步可能会遇到下列错误提示。

① command not fond：出现该错误的原因是没有设置好系统变量 PATH，可参考教材 1.3 节。

② file not fond：出现该错误的原因是没有将源文件保存在当前目录中，例如“C:\1000”，或源文件的名字不符合有关规定，例如错误地将源文件命名为“hello.java”或“hello.java.txt”，需要特别注意 Java 语言的标识符是区分大小写的。

③ 出现一些语法错误提示，例如在汉语输入状态下输入了程序中需要的语句符号等。Java 源程序中语句所涉及的小括号及标点符号都是在英文状态下输入的，例如"你好，欢迎学习 Java"中的引号必须是英文状态下的引号，而字符串里面的符号不受汉语或英语的限制。

（5）运行程序。

```
C:\1000> java Hello
```

初学者在这一步可能会遇到下列错误提示。

```
Exception in thread "main" java.lang.NoClassFondError
```

出现该错误的原因是没有设置好系统变量 ClassPath，可参考教材 1.3 节，或者运行的不是主类的名字或程序没有主类。

❼ **实验后的练习**

（1）编译器怎样提示丢失大括号的错误？

（2）编译器怎样提示语句丢失分号的错误？

（3）编译器怎样提示将 System 写成 system 的错误？

（4）编译器怎样提示将 String 写成 string 的错误？

❽ **填写实验报告**

实验编号：101　学生姓名：　　实验时间：　　教师签字：

实验效果评价	A	B	C	D	E
模板完成情况					
实验后的练习效果评价	A	B	C	D	E
练习（1）完成情况					
练习（2）完成情况					
练习（3）完成情况					
练习（4）完成情况					
总评					

实验 2　联合编译

❶ **相关知识点**

Java 程序的基本结构就是类，有时源文件可以只有一个类，编译这个源文件将得到这个类的字节码文件。字节码文件在程序运行时动态地加载到内存，然后由 Java 虚拟机解释执行，因此可以事先单独编译一个应用的程序所需要的其他源文件，将得到的字节码文件和应用程序存放在同一目录中。如果应用程序的源文件和其他的源文件在同一目录中，也可以只编译应用程序的源文件，Java 系统会自动地先编译应用程序需要的其他源文件。

❷ **实验目的**

本实验的目的是学习同时编译多个 Java 源文件。

❸ **实验要求**

编写 4 个源文件，即 MainClass.java、A.java、B.java 和 C.java，每个源文件只有一个类。MainClass.java 含有应用程序的主类（含有 main()方法），并使用了 A、B 和 C 类。将 4 个源文件保存到同一目录中，例如“C:\1000”，然后编译 MainClass.java。

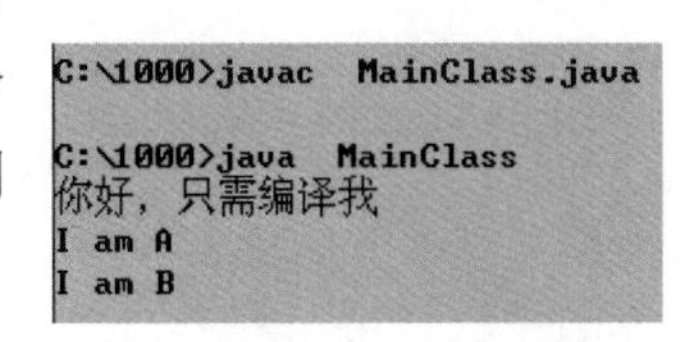

图 1.2　只编译主类

❹ **程序运行效果**

程序运行效果如图 1.2 所示。

❺ **程序模板**

请按模板要求将【代码】替换为 Java 程序代码。

MainClass.java

```
public class MainClass {
   public static void main(String args[]) {
      【代码1】     //命令行窗口输出"你好,只需编译我"
      A a=new A();
      a.fA();
      B b=new B();
      b.fB();
    }
}
```

A.java

```
public class A {
  void fA() {
     【代码2】     //命令行窗口输出"I am A"
   }
}
```

B.java

```
public class B {
   void fB() {
     【代码3】     //命令行窗口输出"I am B"
   }
}
```

C.java

```
public class C {
   void fC() {
      【代码4】     //命令行窗口输出"I am C"
   }
}
```

❻ **实验指导**

（1）在编译 Hello.java 的过程中，Java 系统会自动地先编译 A.java、B.java，但不编译 C.java，因为应用程序并没有使用 C.java 源文件产生的字节码类文件。编译通过后，在“C:\1000”中将会有 Hello.class、A.class 和 B.class 几个字节码文件。

（2）在运行上述 Java 应用程序时，虚拟机仅将 Hello.class 和 A.class、B.class 加载到内存，即使单独事先编译 C.java 得到 C.class 字节码文件，该字节码文件也不会加载到内存，因为程序的运行并未用到 C 类。当虚拟机将 Hello.class 加载到内存时，就为主类中的 main()方法分配了入口地址，以便 Java 解释器调用 main()方法开始运行程序。如果在编写程序时错误地将主类中的 main()方法写成 public void main(String args[])，那么程序可以编译通过，但无法运行。

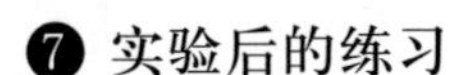

❼ 实验后的练习

（1）将 Hello.java 编译通过以后，不断地修改 A.java 源文件中的【代码】，比如在命令行窗口输出 Nice to meet you 或 Can you need my hand。要求每次修改 A.java 源文件后单独编译 A.java，然后直接运行应用程序 Hello.java。

（2）如果需要编译某个目录下的全部 Java 源文件，比如“C:\1000”目录，可以使用如下命令：

```
C:\1000> javac *.java
```

请练习上述命令。

❽ 填写实验报告

实验编号：102　学生姓名：　　　实验时间：　　　教师签字：

实验效果评价	A	B	C	D	E
模板完成情况					
实验后的练习效果评价	A	B	C	D	E
练习（1）完成情况					
练习（2）完成情况					
总评					

实验答案

实验 1：

【代码 1】System.out.println("你好，欢迎学习 Java");

【代码 2】System.out.println("We are students");

实验 2：

【代码 1】System.out.println("你好，只需编译我");

【代码 2】System.out.println("I am A");

【代码 3】System.out.println("I am B");

【代码 4】System.out.println("I am C");

自 测 题

1．Java 语言的主要贡献者是谁？

2．下列选项中，（　　）是 Java 应用程序主类中正确的 main()方法。

A．public void main(String args[ ])

B．static void main(String args[ ])

C．public static void main(String args)

D．public static void main(String args[ ])

3．如果 JDK 的安装目录为“D:\jdk”，应当怎样设置 path 和 classpath 的值？

4．下列选项中，（　　）是 JDK 提供的编译器。

A．java.exe

B．javac.exe

C．javap.exe

D．javaw.exe

答案：

1．James Gosling

2．D

3．Path=D:\jdk\bin;classpath=D:\jdk\jre\lib\rt.jar;.;

4．B

上机实践 2　基本数据类型与数组

实验 1　输出希腊字母表

❶ 相关知识点

Java 的基本数据类型包括 byte、short、int、long、float、double、char 和 boolean。读者需要特别掌握基本类型的数据转换规则，基本数据类型按精度级别由低到高的顺序是：

byte　short　char　int　long　float　double

当把级别低的变量的值赋给级别高的变量时，系统自动完成数据类型的转换。当把级别高的变量的值赋给级别低的变量时，必须使用类型转换运算。

要观察一个字符在 Unicode 表中的顺序位置，需使用 int 型转换，例如(int)a，不可以使用 short 型转换。要得到一个 0～65 535 的数所代表的 Unicode 表中相应位置上的字符，需使用 char 型转换。char 型数据和 byte、short、int 运算的结果是 int 型数据。

❷ 实验目的

本实验的目的是让学生掌握 char 型数据和 int 型数据之间的互相转换，同时了解 Unicode 字符表。

❸ 实验要求

编写一个 Java 应用程序，该程序在命令行窗口输出希腊字母表。

❹ 程序运行效果

程序运行效果如图 2.1 所示。

```
C:\1000>java GreekAlphabet
希腊字母'α'在unicode表中的顺序位置:945
希腊字母表:
 α  β  γ  δ  ε  ζ  η  θ  ι  κ
 λ  μ  ν  ξ  ο  π  ρ  ?  σ  τ
 υ  φ  χ  ψ  ω
```

图 2.1　输出希腊字母表

❺ 程序模板

请按模板要求将【代码】替换为 Java 程序代码。

GreekAlphabet.java

```
public class GreekAlphabet {
   public static void main(String args[]) {
      int startPosition=0,endPosition=0;
       char cStart='α',cEnd='ω';
      【代码 1】   //cStart 做 int 型转换运算,并将结果赋值给 startPosition
      【代码 2】   //cEnd 做 int 型转换运算,并将结果赋值给 endPosition
      System.out.println("希腊字母\'α\'在 unicode 表中的顺序位置:"+startPosition);
      System.out.println("希腊字母表: ");
       for(int i=startPosition;i<=endPosition;i++) {
         char c='\0';
        【代码 3】  //i 做 char 型转换运算,并将结果赋值给 c
         System.out.print(" "+c);
         if((i-startPosition+1)%10==0)
```

```
                System.out.println("");
            }
        }
    }
```

❻ **实验指导**

（1）为了输出希腊字母表，首先获取希腊字母表的第一个字母和最后一个字母在 Unicode 表中的位置，然后使用循环输出其余的希腊字母。

（2）要观察一个字符在 Unicode 表中的顺序位置，必须使用 int 型转换。

❼ **实验后的练习**

（1）将一个 double 型数据直接赋值给 float 型变量，程序编译时提示怎样的错误？

（2）在应用程序的 main()方法中增加语句：

```
float x=0.618;
```

程序能编译通过吗？

（3）在应用程序的 main()方法中增加语句：

```
byte y=128;
```

程序能编译通过吗？在应用程序的 main()方法中增加语句：

```
int z=(byte)128;
```

程序输出变量 z 的值是多少？

❽ **填写实验报告**

实验编号：201 学生姓名： 实验时间： 教师签字：

实验效果评价	A	B	C	D	E
模板完成情况					
实验后的练习效果评价	A	B	C	D	E
练习（1）完成情况					
练习（2）完成情况					
练习（3）完成情况					
总评					

实验 2　数组的引用与元素

❶ **相关知识点**

数组属于引用型变量，例如，对于

```
int a[]={1,2,3},b[]={4,5};
```

数组变量 a 和 b 中分别存放着引用（比如 a 和 b 的值分别是 0x35ce36 和 0x757aef）。数组 a 的元素（变量）a[0]、a[1]、a[2]的值分别是 1、2、3。数组 b 的元素（变量）b[0]、b[1]的值分别是 4、5。对于一维数组，“数组名.length” 的值就是数组中元素的个数；对于二维数组，

“数组名.length”的值是它含有的一维数组的个数。

❷ 实验目的

本实验的目的是让学生掌握数组属于引用型的一种复合型数据类型。

❸ 实验要求

编写一个 Java 应用程序，该程序在命令行窗口输出数组的引用以及元素的值。

❹ 程序运行效果

程序运行效果如图 2.2 所示。

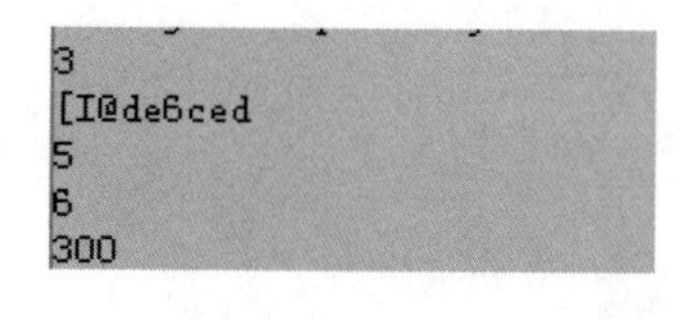

图 2.2　输出数组的引用和元素的值

❺ 程序模板

请按模板要求将【代码】替换为 Java 程序代码。

InputArray.java

```
public class InputArray {
  public static void main(String args[]) {
    int [] a={100,200,300};
    【代码 1】//输出数组 a 的长度
    【代码 2】//输出数组 a 的引用
    int b[][]={{1}, {1,1},{1,2,1}, {1,3,3,1},{1,4,6,4,1}};
    【代码 3】//输出二维数组 b 的一维数组的个数
    System.out.println(b[4][2]);
    【代码 4】//将数组 a 的引用赋给 b[4]
    System.out.println(b[4][2]);
  }
}
```

❻ 实验指导

（1）对于数组 a 和 b，如果使用了赋值语句“a=b;”（a 和 b 的类型必须相同），那么 a 中存放的引用和 b 中的相同，这时系统将释放最初分配给数组 a 的元素，使得 a 的元素和 b 的元素相同。

（2）如果想输出 char 型数组 a 的引用，必须让数组 a 和字符串做并置运算。

❼ 实验后的练习

（1）在程序的【代码 4】之后增加语句“a[3] = 200;”，编译是否有错？运行是否有错？

（2）在程序的【代码 4】之前输出二维数组 b 的各个一维数组的长度和引用。

（3）在程序的【代码 4】之后输出二维数组 b 的各个一维数组的长度和引用。

❽ 填写实验报告

实验编号：202　学生姓名：　　实验时间：　　教师签字：

实验效果评价	A	B	C	D	E
模板完成情况					
实验后的练习效果评价	A	B	C	D	E
练习（1）完成情况					
练习（2）完成情况					
练习（3）完成情况					
总评					

实验 3　遍历与复制数组

❶ 相关知识点

1）遍历数组

Arrays 类调用 public static String toString(int[] a)方法可以得到参数指定的一维数组 a 的如下格式的字符串表示：

```
[a[0],a[1] …a[a.length-1]]
```

例如，对于数组：

```
int [] a={1,2,3,4,5,6};
```

Arrays.toString(a)得到的字符串是[1,2,3,4,5,6]。

2）复制数组

Arrays 类调用 public static double[] copyOf(double[] original,int newLength)方法可以把参数 original 指定的数组中从索引 0 开始的 newLength 个元素复制到一个新数组中，并返回这个新数组，且该新数组的长度为newLength，如果newLength的值大于original的长度，copyOf()方法返回的新数组的第 newLength 索引后的元素取默认值。

Arrays 类调用 public static double[] copyOfRange(double[] original,int from,int to)方法可以把参数 original 指定的数组中从索引 from 至 to–1 的元素复制到一个新数组中，并返回这个新数组。

❷ 实验目的

本实验的目的是让学生掌握使用 Array 类调用方法操作数组。

❸ 实验要求

编写一个 Java 应用程序，输出数组 a 的全部元素，并将数组 a 的全部或部分元素复制到其他数组中，然后改变其他数组中元素的值，再输出数组 a 的全部元素。

```
[1, 2, 3, 4, 500, 600, 700, 800]
[1, 2, 3, 4, 500, 600, 700, 800]
[1, 2, 3, 4]
[500, 600, 700, 800]
[1, 2, 3, 4, 500, 600, 700, 800]
```

图 2.3　输出、复制数组的元素

❹ 程序运行效果

程序运行效果如图 2.3 所示。

❺ 程序模板

请按模板要求将【代码】替换为 Java 程序代码。

CopyArray.java

```
import java.util.Arrays;
public class CopyArray {
   public static void main(String args[]) {
      int [] a={1,2,3,4,500,600,700,800};
      int [] b,c,d;
      System.out.println(Arrays.toString(a));
      b=Arrays.copyOf(a,a.length);
      System.out.println(Arrays.toString(b));
      c=【代码 1】     //Arrays 调用 copyOf()方法复制数组 a 的前 4 个元素
      System.out.println(【代码 2】);   //Arrays 调用 toString()方法返回数组 c 的元素值
```

```
                                       //的表示格式
        d=【代码 3】    //Arrays 调用 copyOfRange()方法复制数组 a 的后 4 个元素
        System.out.println(Arrays.toString(d));
        【代码 4】       //将-100 赋给数组 c 的最后一个元素
        d[d.length-1]=-200;
        System.out.println(Arrays.toString(a));
    }
}
```

❻ 实验指导

（1）数组 a 的最后一个元素的索引是 a.length–1。

（2）“int [] a,b,c;”声明了 3 个数组，等价的写法是“int a[],b[],c[];”。

❼ 实验后的练习

（1）在程序的【代码 4】之后增加语句：

```
int [] tom=Arrays.copyOf(c,6);
System.out.println(Arrays.toString(tom));
```

（2）在程序的最后一个语句之后增加语句：

```
int [] jerry=Arrays.copyOf(d,1,8);
System.out.println(Arrays.toString(jerry));
```

❽ 填写实验报告

实验编号：203　学生姓名：　　实验时间：　　教师签字：

实验效果评价	A	B	C	D	E
模板完成情况					
实验后的练习效果评价	A	B	C	D	E
练习（1）完成情况					
练习（2）完成情况					
总评					

实验答案

实验 1：

【代码 1】startPosition=(int)cStart;

【代码 2】endPosition=(int)cEnd;

【代码 3】c=(char)i;

实验 2：

【代码 1】System.out.println(a.length);

【代码 2】System.out.println(a);

【代码 3】System.out.println(b.length);

【代码 4】b[4]=a;

实验 3：

【代码 1】Arrays.copyOf(a,4);

【代码 2】Arrays.toString(c)

【代码 3】Arrays.copyOfRange(a,4,a.length);

【代码 4】c[c.length–1] = –100;

自测题

1．下列选项中，（　　）可以是标识符。

A．boy-girl

B．int_long

C．byte

D．$Boy12

2．下列程序中，哪些【代码】是错误的？

```
public class LianXi2{
   public static void main(String args[]) {
     int x=0;          //【代码 1】
     x=5.0/2;          //【代码 2】
     float y=1.89F;    //【代码 3】
     y=12.6/8;         //【代码 4】
     System.out.println(y);
   }
}
```

3．对于“boolean boo[]=new boolean[3];”，下列叙述正确的是（　　）。

A．boo[0]、boo[1]和 boo[2]的值是 0

B．boo[0]、boo[1]和 boo[2]的值是 1

C．boo[0]、boo[1]和 boo[2]的值是 false

D．boo[0]、boo[1]和 boo[2]的值是 true

4．对于声明的数组“int [] a={1,2,3,4},b[]={{1,2,3},{4,5,6}};”，下列语句错误的是（　　）。

A．b[0]=a;

B．b[1]=b[0];

C．a=b;

D．a[0]=b[0][0];

答案：

1．BD

2．【代码 2】和【代码 4】

3．C

4．C

上机实践 3 分支与循环语句

源码下载

实验 1 回文数

❶ 相关知识点

1）分支语句

if-else 语句是 Java 中的一条语句，由关键字 if、else 和两个复合语句（分别称为 if 分支操作和 else 分支操作）按一定格式构成，if-else 语句的格式如下：

```
if(表达式) {
     若干语句（if 分支操作部分）
}
else {
     若干语句（else 分支操作部分）
}
```

一条 if-else 语句的作用是根据一个条件选择两个分支操作中的一个，执行法则是：如果 if 后面()内的表达式的值为 true，则执行紧跟着的复合语句，即执行 if 分支操作；如果表达式的值为 false，则执行 else 后面的复合语句，即执行 else 分支操作。

if-else if-else 语句称为多条件分支语句，其作用是根据多条件来选择某一操作。该语句的格式如下：

```
if(表达式 1) {
    若干语句
}
else if(表达式 2) {
   若干语句
}
⋮
else {
    若干语句
}
```

2）将字符串转化为数值

执行“int m=Integer.parseInt("6789");”可以将数字型字符串（例如“6789”“123”）转换为 int 型数据。

❷ 实验目的

本实验的目的是让学生掌握使用 if-else if-else 多分支语句。

❸ 实验要求

编写一个 Java 应用程序。用户从键盘输入一个 1～99 999 的数，程序将判断这个数是几位数，并判断这个数是否为回文数。回文数是指将该数含有的数字逆序排列后得到的数和原数相同，例如 12121、3223 都是回文数。

```
输入一个1至99999之间的数
9889
9889是4位数
9889是回文数
```

图 3.1　判断回文数

❹ 程序运行效果

程序运行效果如图 3.1 所示。

❺ 程序模板

请按模板要求将【代码】替换为 Java 程序代码。

Number.java

```
import java.util.Scanner;
public class Number {
   public static void main(String args[]) {
      int number=0,d5,d4,d3,d2,d1;
      Scanner reader=new Scanner(System.in);
      System.out.println("输入一个 1 至 99999 之间的数");
      number=reader.nextInt();
      if(【代码 1】)           //判断 number 在 1～99999 的条件
      {         【代码 2】     //计算 number 的最高位 d5（万位）
                【代码 3】     //计算 number 的千位 d4
                【代码 4】     //计算 number 的百位 d3
                d2=number%100/10;
                d1=number%10;
                if(【代码 5】)         //判断 number 是 5 位数的条件
                {  System.out.println(number+"是 5 位数");
                   if(【代码 6】)       //判断 number 是回文数的条件
                   {   System.out.println(number+"是回文数");
                   }
                   else
                   {   System.out.println(number+"不是回文数");
                   }
                }
                else if(【代码 7】) //判断 number 是 4 位数的条件
                {  System.out.println(number+"是 4 位数");
                   if(【代码 8】)       //判断 number 是回文数的条件
                   {  System.out.println(number+"是回文数");
                   }
                  else
                   {  System.out.println(number+"不是回文数");
                   }
                }
                else if(【代码 9】) //判断 number 是 3 位数的条件
                {  System.out.println(number+"是 3 位数");
                   if(【代码 10】)    //判断 number 是回文数的条件
```

```
                { System.out.println(number+"是回文数");
                }
              else
                { System.out.println(number+"不是回文数");
                }
            }
            else if(d2!=0)
            { System.out.println(number+"是 2 位数");
              if(d1==d2)
                { System.out.println(number+"是回文数");
                }
              else
                { System.out.println(number+"不是回文数");
                }
            }
            else if(d1!=0)
            { System.out.println(number+"是 1 位数");
              System.out.println(number+"是回文数");
            }
        }
      else
      { System.out.printf("\n%d 不在 1 至 99999 之间",number);
      }
    }
}
```

❻ 实验指导

（1）两个 int 型数据做除法运算时，运算的结果是 int 型，因此 6234/1000 的结果刚好是 6234 的最高位上的数字 6。

（2）为了计算出 56321 中千位上的数字 6，首先计算 56321%10000 得到 6321，然后 6321/1000 的结果是 6。

❼ 实验后的练习

（1）程序运行时，用户从键盘输入 2332，程序提示怎样的信息？

（2）程序运行时，用户从键盘输入 654321，程序提示怎样的信息？

（3）程序运行时，用户从键盘输入 33321，程序提示怎样的信息？

❽ 填写实验报告

实验编号：301　学生姓名：　　实验时间：　　教师签字：

实验效果评价	A	B	C	D	E
模板完成情况					
实验后的练习效果评价	A	B	C	D	E
练习（1）完成情况					
练习（2）完成情况					
练习（3）完成情况					
总评					

实验 2　猜数字游戏

❶ 相关知识点

循环是控制结构语句中最重要的语句之一，循环语句是根据条件反复执行同一代码块。循环语句有下列 3 种：

1）while 循环

while 语句的一般格式：

```
while(表达式){
  若干语句
}
```

while 语句的执行规则如下：

（1）计算表达式的值，如果该值是 true，就进行（2），否则进行（3）。

（2）执行循环体，再进行（1）。

（3）结束 while 语句的执行。

2）for 循环

for 语句的一般格式：

```
for(表达式 1;表达式 2;表达式 3) {
  若干语句
}
```

for 语句的执行规则如下：

（1）计算“表达式 1”，完成必要的初始化工作。

（2）判断“表达式 2”的值，若“表达式 2”的值为 true，则进行（3），否则进行（4）。

（3）执行循环体，然后计算“表达式 3”，以改变循环条件，进行（2）。

（4）结束 for 语句的执行。

3）将字符串转换为数值

执行“int m=Integer.parseInt("6789");”可以将数字型字符串（例如“6789”“123”）转换为 int 型数据。

4）用 Scanner 类创建一个对象

```
Scanner reader=new Scanner(System.in);
```

reader 对象调用 nextInt()方法读取用户输入的整数。

❷ 实验目的

本实验的目的是让学生使用 if-else 分支和 while 循环语句解决问题。

❸ 实验要求

编写一个 Java 应用程序，实现下列功能：

（1）程序随机分配给客户一个 1～100 的整数。

（2）用户输入自己的猜测。

（3）程序返回提示信息，提示信息分别是“猜大了”“猜小了”或“猜对了”。

（4）用户可根据提示信息再次输入猜测，直到提示信息是“猜对了”。

❹ 程序运行效果

程序运行效果如图 3.2 所示。

```
给你一个1至100之间的整数,请猜测这个数
输入您的猜测:50
猜大了,再输入你的猜测:25
猜小了,再输入你的猜测:36
猜大了,再输入你的猜测:30
猜大了,再输入你的猜测:27
猜大了,再输入你的猜测:26
猜对了!
```

图 3.2　猜数字

❺ 程序模板

请按模板要求将【代码】替换为 Java 程序代码。

GuessNumber.java

```
import java.util.Scanner;
import java.util.Random;
public class GuessNumber {
   public static void main(String args[]) {
      Scanner reader=new Scanner(System.in);
      Random random=new Random();
      System.out.println("给你一个 1 至 100 之间的整数,请猜测这个数");
      int realNumber=random.nextInt(100)+1;  /*random.nextInt(100)是[0,100)
                                                中的随机整数*/
      int yourGuess=0;
      System.out.print("输入您的猜测:");
      yourGuess=reader.nextInt();
      while(【代码 1】)    //循环条件
      {
         if(【代码 2】)    //猜大了的条件代码
         {
            System.out.print("猜大了,再输入你的猜测:");
            yourGuess=reader.nextInt();
         }
         else if(【代码 3】) //猜小了的条件代码
         {
            System.out.print("猜小了,再输入你的猜测:");
            yourGuess=reader.nextInt();
         }
      }
      System.out.println("猜对了!");
   }
}
```

❻ 实验指导

（1）人们经常使用 while 循环“强迫”程序重复执行一段代码，【代码 1】必须是值为 boolean 型数据的表达式，只要【代码 1】的值为 true 就是让用户继续输入猜测。

（2）只要用户的输入能使得循环语句结束，就说明用户已经猜对了。

❼ 实验后的练习

（1）用“yourGuess>realNumber”替换【代码 1】可以吗？

（2）语句“System.out.println("猜对了!");”为何要放在 while 语句之后？放在 while 语句的循环体中合理吗？

❽ 填写实验报告

实验编号：302 学生姓名：　　实验时间：　　教师签字：

实验效果评价	A	B	C	D	E
模板完成情况					
实验后的练习效果评价	A	B	C	D	E
练习（1）完成情况					
练习（2）完成情况					
总评					

实验答案

实验 1：

【代码 1】number<=99999&&number>=1

【代码 2】d5=number/10000;

【代码 3】d4=number%10000/1000;

【代码 4】d3=number%1000/100;

【代码 5】d5!=0

【代码 6】d1==d5&&d2==d4

【代码 7】d4!=0

【代码 8】d1==d4&&d2==d3

【代码 9】d3!=0

【代码 10】d3==d1

实验 2：

【代码 1】yourGuess!=realNumber

【代码 2】yourGuess>realNumber

【代码 3】yourGuess<realNumber

自 测 题

1．下列表达式的值是 false 的是（　　）。

A．0.6F==0.6

B．12L==12

C．(int)56.98+1==57

D．5<4||10<19

2．请写出下列程序的输出结果。

```
public class LianXi3 {
  public static void main(String args[]) {
     for(int i=1;i<=4;i++) {
       switch(i)
       {
```

```
        case 2:
            System.out.print("B");
        case 3:
            System.out.print("C");
            break;
        case 1:
            System.out.print("A");
        case 4:
            System.out.print("D");
            break;
        }
      }
   }
}
```

3. 请写出下列程序的输出结果。

```
public class LianXi1 {
  public static void main(String args[]) {
       char a[]={'A','B','C','D','E'};
       for(int i=0;i<=a.length/2;i++){
          char c=a[i];
          a[i]=a[a.length-(i+1)];
          a[a.length-(i+1)]=c;
       }
       for(int i=0;i<a.length;i++) {
          System.out.print(a[i]);
       }
   }
}
```

4. 下列程序用折半法查找一个整数是否为数组中的某个元素，程序中的【代码】应当是（　　）。

A. n==a[middle]

B. n!=a[middle]

C. n!=a[start]

D. n!=a[end]

```
public class LianXi2 {
   public static void main(String args[]) {
      int start,end,middle,n=-2;
      int a[]={-2,1,4,5,8,12,17,23,45,56,90,100};
      start=0;
      end=a.length;
      middle=(start+end)/2;
      int count=0;
      while(【代码】) {
```

```
            if(n>a[middle])
                start=middle;
            else if(n<a[middle])
                end=middle;
             middle=(start+end)/2;
             count++;
             if(count>a.length/2)
               break;
        }
        if(count>a.length/2)
          System.out.println(":"+n+"不在数组中");
        else
          System.out.println(":"+n+"是数组中的第"+middle+"个元素");
    }
}
```

答案：

1. A
2. ADBCCD
3. EDCBA
4. B

上机实践 4　类与对象

源码下载

实验 1　机动车

❶ 相关知识点

类是 Java 中最重要的数据类型。类用来抽象出一类事物的共有属性和行为，即抽象出数据以及在数据上所进行的操作。类的类体由两部分组成，即变量的声明和方法的定义，其中的构造方法（方法名与类名相同，无类型）用于创建对象，其他方法供该类创建的对象调用，如图 4.1 所示。

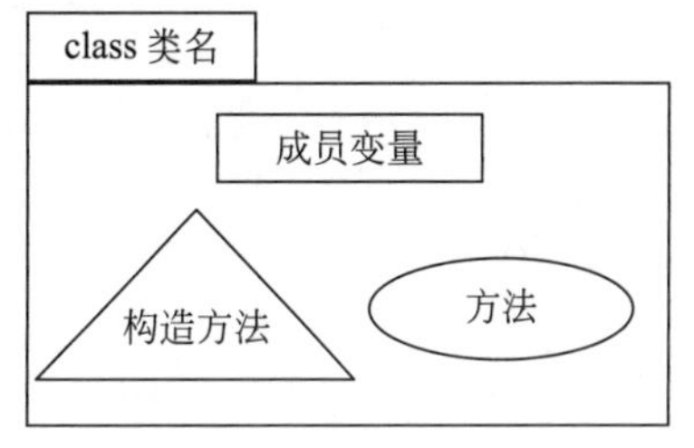

图 4.1　类的基本结构

抽象的目的是产生类，而类用来创建具有属性和行为的对象。使用 new 标识符和类的构造方法为声明的对象分配变量，即创建对象。对象不仅可以操作自己的变量改变状态，而且能调用类中的方法产生一定的行为。通过使用标识符“.”，对象可以实现对自己的变量的访问和方法的调用。

Java 程序以类为“基本单位”，即一个 Java 程序是由若干个类构成的。一个 Java 程序可以将它使用的各个类分别存放在不同的源文件中，也可以将它使用的类存放在一个源文件中。因此，要学习 Java 编程就必须学会怎样去写类，即怎样用 Java 的语法去描述一类事物共有的属性和行为。

❷ 实验目的

本实验的目的是让学生使用类来封装对象的属性和功能。

❸ 实验要求

编写一个 Java 应用程序，该程序中有两个类，即 Vehicle（用于刻画机动车）和 User（主类）。具体要求如下：

（1）Vehicle 类有一个 double 类型的变量 speed，用于刻画机动车的速度，有一个 int 型变量 power，用于刻画机动车的功率。在类中定义了 speedUp(int s)方法，体现机动车有加速功能；定义了 speedDown()方法，体现机动车有减速功能；定义了 setPower(int p)方法，用于设置机动车的功率；定义了 getPower()方法，用于获取机动车的功率。机动车的 UML 图如图 4.2 所示。

Vehicle
speed:double power:int
speedUp(int):void speedDown(int):void getSpeed():double setPower(int):void getPower():int

图 4.2　Vehicle 类的 UML 图

（2）在主类 User 的 main()方法中用 Vehicle 类创建对象，并让该对象调用方法设置功率，演示加速和减速功能。

❹ 程序运行效果

程序运行效果如图 4.3 所示。

❺ 程序模板

请按模板要求将【代码】替换为 Java 程序代码。

Vehicle.java

```
public class Vehicle {
    【代码 1】//声明 double 型变量 speed,刻画速度
    【代码 2】//声明 int 型变量 power,刻画功率
    void speedUp(int s) {
       【代码 3】  //将参数 s 的值与成员变量 speed 的和赋值给成员变量 speed
    }
    void speedDown(int d) {
       【代码 4】  //将成员变量 speed 与参数 d 的差赋值给成员变量 speed
    }
    void setPower(int p) {
       【代码 5】  //将参数 p 的值赋值给成员变量 power
    }
    int getPower() {
       【代码 6】  //返回成员变量 power 的值
    }
    double getSpeed() {
       return speed;
    }
}
```

```
car1的功率是：128
car2的功率是：76
car1目前的速度：80.0
car2目前的速度：100.0
car1目前的速度：70.0
car2目前的速度：80.0
```

图 4.3　Vehicle 类创建对象

User.java

```
public class User {
   public static void main(String args[]) {
      Vehicle car1,car2;
      【代码 7】 //使用 new（标识符）和默认的构造方法创建对象 car1
      【代码 8】 //使用 new（标识符）和默认的构造方法创建对象 car2
      car1.setPower(128);
      car2.setPower(76);
      System.out.println("car1 的功率是: "+car1.getPower());
      System.out.println("car2 的功率是: "+car2.getPower());
      【代码 9】  //car1 调用 speedUp()方法将自己的 speed 的值增加 80
      【代码 10】 //car2 调用 speedUp()方法将自己的 speed 的值增加 80
      System.out.println("car1 目前的速度: "+car1.getSpeed());
      System.out.println("car2 目前的速度: "+car2.getSpeed());
      car1.speedDown(10);
      car2.speedDown(20);
      System.out.println("car1 目前的速度: "+car1.getSpeed());
      System.out.println("car2 目前的速度: "+car2.getSpeed());
   }
}
```

❻ 实验指导

（1）在创建一个对象时，成员变量被分配内存空间，这些内存空间称为该对象的实体或

变量，而对象中存放着引用，以确保这些变量被该对象操作使用。

（2）空对象不能使用，即不能让一个空对象去调用方法产生行为。假如程序中使用了空对象，在运行时会出现 NullPointerException 异常。对象是动态地分配实体的，Java 的编译器对空对象不做检查，因此在编写程序时要避免使用空对象。

❼ 实验后的练习

（1）改进 speedUp()方法，使得 Vehicle 类的对象在加速时不能将 speed 值超过 200。

（2）改进 speedDown()方法，使得 Vehicle 类的对象在减速时不能将 speed 值小于 0。

（3）增加一个刹车方法 void brake()，Vehicle 类的对象调用它能将 speed 的值变成 0。

❽ 填写实验报告

实验编号：401　学生姓名：　　实验时间：　　教师签字：

实验效果评价	A	B	C	D	E
模板完成情况					
实验后的练习效果评价	A	B	C	D	E
练习（1）完成情况					
练习（2）完成情况					
练习（3）完成情况					
总评					

实验 2　家中的电视

❶ 相关知识点

类的成员变量可以是某个类的对象，如果用这样的类创建对象，那么该对象中就会有其他对象，也就是说该类的对象将其他对象作为自己的组成部分，这就是人们常说的 Has-A。一个对象 a 通过组合对象 b 来复用对象 b 的方法，即对象 a 委托对象 b 调用其方法。当前对象随时可以更换所组合的对象，使得当前对象与所组合的对象是弱耦合关系。

❷ 实验目的

本实验的目的是让学生掌握对象的组合以及参数传递。

❸ 实验要求

编写一个 Java 应用程序，模拟家庭买一台电视，即家庭将电视作为自己的一个成员，通过调用一个方法将某台电视的引用传递给自己的电视成员。具体要求如下：

（1）有 TV.java、Family.java 和 MainClass.java 3 个源文件，其中 TV.java 中的 TV 类负责创建“电视”对象，Family.java 中的 Family 类负责创建“家庭”对象，MainClass.java 是主类。

（2）在主类的 main()方法中首先使用 TV 类创建一个对象 haierTV，然后使用 Family 类再创建一个对象 zhangSanFamily，并将先前 TV 类的实例 haierTV 的引用传递给 zhangSanFamily 对象的成员变量 homeTV。

Family 类组合 TV 类的实例的 UML 图如图 4.4 所示。

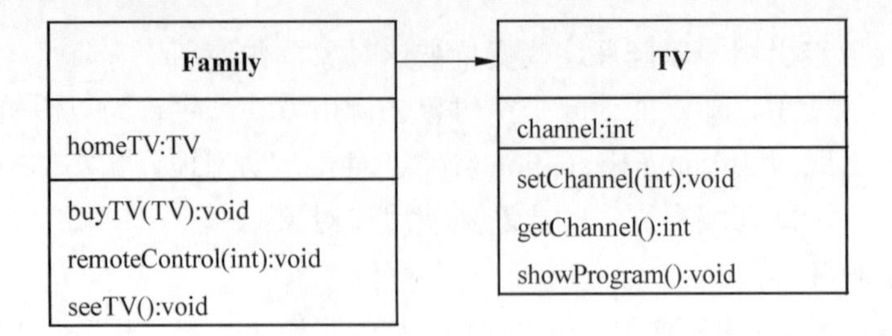

图 4.4　Family 组合 TV 类的实例的 UML 图

❹ 程序运行效果

程序运行效果如图 4.5 所示。

```
haierTV的频道是5
zhangSanFamily开始看电视节目
体育频道
zhangSanFamily将电视更换到2频道
haierTV的频道是2
zhangSanFamily再看电视节目
经济频道
```

图 4.5　家庭中的电视

❺ 程序模板

请按模板要求将【代码】替换为 Java 程序代码。

TV.java

```
public class TV {
   int channel;   //电视频道
   void setChannel(int m) {
      if(m>=1){
         channel=m;
      }
   }
   int getChannel(){
      return channel;
   }
   void showProgram(){
      switch(channel) {
         case 1: System.out.println("综合频道");
                 break;
         case 2: System.out.println("经济频道");
                 break;
         case 3: System.out.println("文艺频道");
                 break;
         case 4: System.out.println("国际频道");
                 break;
         case 5: System.out.println("体育频道");
                 break;
         default: System.out.println("不能收看"+channel+"频道");
      }
   }
}
```

Family.java

```
public class Family {
   TV homeTV;
   void buyTV(TV tv) {
```

```
        【代码 1】 //将参数 tv 赋值给 homeTV
    }
    void remoteControl(int m) {
        homeTV.setChannel(m);
    }
    void seeTV() {
        homeTV.showProgram();  //homeTV 调用 showProgram()方法
    }
}
```

MainClass.java

```
public class MainClass {
   public static void main(String args[]) {
      TV haierTV=new TV();
      【代码 2】 //haierTV 调用 setChannel(int m),并向参数 m 传递 5
      System.out.println("haierTV 的频道是"+haierTV.getChannel());
      Family zhangSanFamily = new Family();
      【代码 3】//zhangSanFamily 调用 void buyTV(TV tv)方法,并将 haierTV 传递给参
              //数 TV
      System.out.println("zhangSanFamily 开始看电视节目");
      zhangSanFamily.seeTV();
      int m=2;
      System.out.println("zhangSanFamily 将电视更换到"+m+"频道");
      zhangSanFamily.remoteControl(m);
      System.out.println("haierTV 的频道是"+haierTV.getChannel());
      System.out.println("zhangSanFamily 再看电视节目");
      zhangSanFamily.seeTV();
   }
}
```

❻ 实验指导

（1）当参数是引用类型时，“传值”传递的是变量中存放的“引用”，而不是变量所引用的实体。需要注意的是，两个同类型的引用型变量如果具有同样的引用，就会用同样的实体，因此，如果改变参数变量所引用的实体就会导致原变量的实体发生同样的变化。

（2）通过组合对象来复用方法也称“黑盒”复用，因为当前对象只能委托它所包含的对象调用其方法，这样当前对象对它所包含的对象的方法的细节是一无所知的。

❼ 实验后的练习

（1）省略【代码 2】程序能否通过编译？若能通过编译，程序输出的结果是怎样的？

（2）在主类的 main()方法的最后增添下列代码，并解释运行效果。

```
Family lisiFamily=new Family();
lisiFamily.buyTV(haierTV);
lisiFamily.seeTV();
```

❽ 填写实验报告

实验编号：402 学生姓名： 实验时间： 教师签字：

实验效果评价	A	B	C	D	E
模板完成情况					
实验后的练习效果评价	A	B	C	D	E
练习（1）完成情况					
练习（2）完成情况					
总评					

实验 3 共饮同井水

❶ 相关知识点

类有两种基本的成员，即变量和方法，变量用来刻画对象的属性，方法用来体现对象的功能，即方法使用某种算法操作变量来实现一个具体的行为（功能）。

成员变量用来刻画类创建的对象的属性，其中一部分成员变量称作实例变量，另一部分称作静态变量或类变量。类变量是与类相关联的数据变量，而实例变量是仅仅和对象相关联的数据变量。不同的对象的实例变量将被分配不同的内存空间，如果类中有类变量，那么所有对象的这个类变量都分配给相同的一处内存，改变其中一个对象的这个类变量会影响其他对象的这个类变量。也就是说，对象共享类变量。

方法是类体的重要成员之一。其中，构造方法是具有特殊地位的方法，供类创建对象时使用，用来给出类所创建的对象的初始状态；另外一些方法可分为实例方法和类方法，类所创建的对象可以调用这些方法形成一定的算法，体现对象具有某种行为。一个类的类方法也可以直接通过该类的类名调用。

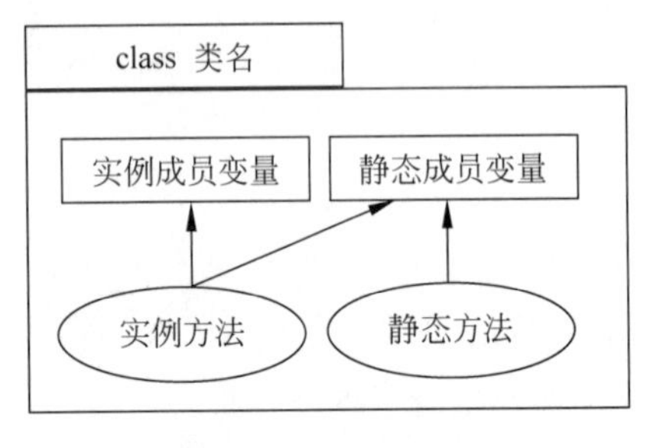

图 4.6 实例成员变量与类成员变量

当对象调用方法时，方法中出现的成员变量就是指分配给该对象的变量。类中的方法可以操作成员变量，当对象调用方法时，方法中出现的成员变量就是指分配给该对象的变量，其中的类变量和所有的其他对象共享。

实例方法可操作实例成员变量和静态成员变量，静态方法只能操作静态成员变量，如图 4.6 所示。

❷ 实验目的

本实验的目的是让学生掌握类变量与实例变量，以及类方法与实例方法的区别。

❸ 实验要求

编写程序模拟两个村庄共用同一口井水。编写一个 Village 类，该类有一个静态的 int 型成员变量 waterAmount，用于模拟井水的水量。在主类 Land 的 main()方法中创建两个村庄，一个村庄改变了 waterAmount 的值，另一个村庄查看 waterAmount 的值。

❹ 程序运行效果

程序运行效果如图 4.7 所示。

❺ 程序模板

请按模板要求将【代码】替换为 Java 程序代码。

```
水井中有 200 升水
赵庄喝了50升水
马家河子发现水井中有 150 升水
马家河子喝了100升水
赵庄发现水井中有 50 升水
赵庄的人口:80
马家河子的人口:120
```

图 4.7　共饮一口井水

Village.java

```
public class Village {
    static int waterAmount;  //模拟水井的水量
    int peopleNumber;        //村庄的人数
    String name;             //村庄的名字
    Village(String s) {
       name=s;
    }
    static void setWaterAmount(int m) {
       if(m>0)
         waterAmount=m;
    }
    void drinkWater(int n){
       if(waterAmount-n>=0) {
         waterAmount=waterAmount-n;
         System.out.println(name+"喝了"+n+"升水");
       }
       else
         waterAmount=0;
    }
    static int lookWaterAmount() {
       return waterAmount;
    }
    void setPeopleNumber(int n) {
       peopleNumber=n;
    }
    int getPeopleNumber() {
       return peopleNumber;
    }
}
```

Land.java

```
public class Land {
   public static void main(String args[]) {
      【代码 1】 //用类名调用 setWaterAmount(int m),并向参数传值 200
      int leftWater=【代码 2】 //用 Village 类的类名访问 waterAmount
      System.out.println("水井中有 "+leftWater+"升水");
      Village zhaoZhuang,maJiaHeZi;
      zhaoZhuang=new Village("赵庄");
      maJiaHeZi=new Village("马家河子");
      zhaoZhuang.setPeopleNumber(80);
      maJiaHeZi.setPeopleNumber(120);
      【代码 3】//zhaoZhuang 调用 drinkWater(int n),并向参数传值 50
```

```
        leftWater=【代码 4】 //maJiaHeZi 调用 lookWaterAmount()方法
        String name=maJiaHeZi.name;
        System.out.println(name+"发现水井中有 "+leftWater+" 升水");
        maJiaHeZi.drinkWater(100);
        leftWater=【代码 5】 //zhaoZhuang 调用 lookWaterAmount()方法
        name=zhaoZhuang.name;
        System.out.println(name+"发现水井中有"+leftWater+"升水");
        int peopleNumber=zhaoZhuang.getPeopleNumber();
        System.out.println("赵庄的人口:"+peopleNumber);
        peopleNumber=maJiaHeZi.getPeopleNumber();
        System.out.println("马家河子的人口:"+peopleNumber);
    }
}
```

❻ 实验指导

（1）当 Java 程序执行时，类的字节码文件被加载到内存，如果该类没有创建对象，类的实例变量不会被分配内存，但是类中的类变量在该类被加载到内存时就分配了相应的内存空间。如果该类创建对象，那么不同对象的实例变量互不相同，即分配不同的内存空间，而类变量不再重新分配内存，所有的对象共享类变量。

（2）当类的字节码文件被加载到内存时，类的实例方法不会被分配入口地址，只有当该类创建对象后类中的实例方法才分配入口地址。当使用 new 标识符和构造方法创建对象时，首先分配成员变量给该对象，同时实例方法分配入口地址，然后再执行构造方法中的语句完成必要的初始化，因此实例方法必须由对象调用执行。需要注意的是，当创建第一个对象时类中的实例方法就分配了入口地址，当再创建对象时不再分配入口地址，也就是说方法的入口地址被所有的对象共享。对于类中的类方法，在该类被加载到内存时就分配了相应的入口地址，即使该类没有创建对象，也可以直接通过类名调用类方法（当然，类方法也可以通过对象调用）。

❼ 实验后的练习

（1）【代码 3】是否可以是“Village.drinkWater(50);”？

（2）【代码 4】是否可以是“Village.lookWaterAmount();”？

（3）Land 类的 main()方法中的倒数第 2 行代码是否可以更改为：

```
peopleNumber=Village.getPeopleNumber();
```

❽ 填写实验报告

实验编号：403　学生姓名：　　实验时间：　　教师签字：

实验效果评价	A	B	C	D	E
模板完成情况					
实验后的练习效果评价	A	B	C	D	E
练习（1）完成情况					
练习（2）完成情况					
练习（3）完成情况					
总评					

实验 4 求方程的根

❶ 相关知识点

包是 Java 语言中有效地管理类的一个机制。通过关键字 package 声明包语句，package 语句作为 Java 源文件的第一条语句，指明该源文件定义的类所在的包。

使用 import 语句可以引入包中的类。在编写源文件时，除了自己编写类外，经常需要使用许多 Java 提供的类，这些类可能在不同的包中。在学习 Java 语言时，使用已经存在的类，避免一切从头做起，这是面向对象编程的一个重要方面。为了能使用 Java 提供的类，可以使用 import 语句来引入包中的类。在一个 Java 源程序中可以有多个 import 语句，它们必须写在 package 语句（假如有 package 语句）和源文件中类的定义之间。

❷ 实验目的

本实验的目的是让学生掌握使用 package 和 import 语句。

❸ 实验要求

按照实验要求使用 package 语句将方程的属性（即计算根的方法）封装在一个有包名的类中，包名是 tom.jiafei，类的名字是 SquareEquation。编写一个 SunRise 的主类，该主类使用 import 语句引入 tom.jiafei 包中的 SquareEquation 类。

❹ 程序运行效果

程序运行效果如图 4.8 所示。

```
D:\2000>set classpath=D:\jdk1.6\jre\lib\rt.jar;.;c:\1000

D:\2000>javac SunRise.java

D:\2000>java SunRise
是一元二次方程
方程的根:-0.250000,-1.000000
是一元二次方程
方程的根:-0.786300,2.119633
```

图 4.8 使用 package 与 import 语句

❺ 程序模板

模板 1

将模板 1 给出的 Java 源文件命名为 SquareEquation.java，将编译后得到的字节码文件复制到“C:/1000/tom/jiafei”目录中。

SquareEquation.java

```
package tom.jiafei;
public class SquareEquation {
   double a,b,c;
   double root1,root2;
   boolean boo;
   public SquareEquation(double a,double b,double c) {
      this.a=a;
      this.b=b;
```

```
        this.c=c;
        if(a!=0)
          boo=true;
        else
          boo=false;
    }
    public void getRoots() {
        if(boo) {
          System.out.println("是一元二次方程");
          double disk=b*b-4*a*c;
          if(disk>=0) {
            root1=(-b+Math.sqrt(disk))/(2*a);
            root2=(-b-Math.sqrt(disk))/(2*a);
            System.out.printf("方程的根:%f,%f\n",root1,root2);
          }
          else {
            System.out.printf("方程没有实根\n");
          }
        }
        else {
          System.out.println("不是一元二次方程");
        }
    }
    public void setCoefficient(double a,double b,double c) {
        this.a=a;
        this.b=b;
        this.c=c;
        if(a!=0)
          boo=true;
        else
          boo=false;
    }
}
```

模板 2

将模板 2 给出的 Java 源程序 SunRise.java 保存到“D:\2000”中。在编译模板 2 给出的 Java 源文件之前要重新设置 classpath。假设本地机 JDK 的安装目录是“D:\jdk1.6”。

在命令行执行如下命令：

```
set classpath=D:\jdk1.6\jre\lib\rt.jar;.;c:\1000
```

然后编译模板 2 给出的 Java 源程序。或者用鼠标右击“此计算机”，选择“属性”命令，弹出“系统属性”对话框，再单击该对话框中的“高级选项”，然后单击“环境变量”按钮，将 classpath 的值修改为：

```
set classpath=D:\jdk1.6\jre\lib\rt.jar;.;c:\1000
```

然后重新打开一个命令行窗口，编译模板 2 给出的 Java 源程序。

SunRise.java

```
import tom.jiafei.*;
public class SunRise {
   public static void main(String args[]) {
      SquareEquation equation=new SquareEquation(4,5,1);
      equation.getRoots();
      equation.setCoefficient(-3,4,5);
      equation.getRoots();
   }
}
```

❻ 实验指导

（1）如果使用 import 语句引入了整个包中的类，那么可能会增加编译时间，但绝对不会影响程序运行的性能。Java 运行平台由所需要的 Java 类库和虚拟机组成，这些类库被包含在 jre\lib 中的一个压缩文件 rt.jar 中，当程序执行时，Java 运行平台从类库中加载程序真正使用的类字节码到内存。

（2）可以使用 import 语句引入自定义包中的类，但必须在 classpath 中指明包的位置。

❼ 实验后的练习

假设 JDK 的安装目录是“D:\jdk1.6”，那么 Java 运行系统默认 classpath 的值是：

```
D:\jdk1.6\jre\lib\rt.jar;.;
```

其中的“.;”表示应用程序可以使用所在当前目录中的无名包类以及当前目录下子目录中的类，子目录中的类必须有包名，而且包名要和子目录结构相对应。

因此，如果将模板 2 应用程序 SunRise.java 的字节码文件存放到“D:\5000”中，并将 SquareEquation.java 的字节码文件存放到“D:\5000\tom\jiafei”中，就不需要修改 classpath。需要特别注意的是，因为 SquareEquation.java 有包名，不可将 SquareEquation.java 以及它的字节码文件存放到“D:\5000”中，即不可以和 SunRise.java 的字节码存放在一起。请进行如下练习：

（1）将 SquareEquation.java 存放到“D:\5000\tom\jiafei”中，编译：

```
D:\5000\tom\jiafei> javac SquareEquation.java
```

（2）将 SunRise.java 存放到“D:\5000”中，编译：

```
D:\5000> javac SunRise.java
```

（3）运行：

```
D:\5000> java SunRise
```

❽ 填写实验报告

实验编号：404 学生姓名： 实验时间： 教师签字：

实验效果评价	A	B	C	D	E
模板完成情况					
实验后的练习效果评价	A	B	C	D	E
练习（1）完成情况					
练习（2）完成情况					
练习（3）完成情况					
总评					

实验答案

实验 1：

【代码 1】double speed;

【代码 2】int power;

【代码 3】speed=speed+s;

【代码 4】speed=speed-d;

【代码 5】power=p;

【代码 6】return power;

【代码 7】car1=new Vehicle();

【代码 8】car2=new Vehicle();

【代码 9】car1.speedUp(80);

【代码 10】car2.speedUp(100);

实验 2：

【代码 1】homeTV=tv;

【代码 2】haierTV.setChannel(5);

【代码 3】zhangSanFamily.buyTV(haierTV);

实验 3：

【代码 1】Village.setWaterAmount(200);

【代码 2】Village.waterAmount;

【代码 3】zhaoZhuang.drinkWater(50);

【代码 4】maJiaHeZi.lookWaterAmount();

【代码 5】zhaoZhuang.lookWaterAmount();

自 测 题

1．下列类的声明错误的是（　　）。

A．final abstract class A

B．final class A

C. protected class A

D. public class A

2. 下列 E 类的类体中，哪个【代码】是错误的？

```
class E {
  float x;                    //【代码 1】
  long y=(int)x;              //【代码 2】
  public void f(int n) {
     double m;                //【代码 3】
     double t=n+m;            //【代码 4】
  }
}
```

3. 下列 A 类的类体中，哪些【代码】是错误的？

```
class A {
  int x=100;                  //【代码 1】
  static long y;              //【代码 2】
  y=200;                      //【代码 3】
  public void f() {
     y=300;                   //【代码 4】
  }
  public static void g() {
     x=-23;                   //【代码 5】
  }
}
```

4. 下列 A 类的类体中，哪些【代码】是错误的？

```
class Tom {
   private int x=120;
   protected int y=20;
   int z=11;
   private void f() {
     x=200;
     System.out.println(x);
   }
   void g() {
     x=200;
     System.out.println(x);
   }
}
public class A {
  public static void main(String args[]) {
      Tom tom=new Tom();
      tom.x=22;  //【代码 1】
```

```
      tom.y=33;  //【代码 2】
      tom.z=55;  //【代码 3】
      tom.f();   //【代码 4】
      tom.g();   //【代码 5】
   }
}
```

5．请写出 A 类中 System.out.println 的输出结果。

```
class B {
   int x=100,y=200;
   public void setX(int x) {
      x=x;
   }
   public void setY(int y) {
     this.y=y;
   }
   public int getXYSum() {
     return x+y;
   }
}
public class A {
  public static void main(String args[]) {
      B b=new B();
      b.setX(-100);
      b.setY(-200);
      System.out.println("sum="+b.getXYSum());
   }
}
```

6．请写出 A 类中 System.out.println 的输出结果。

```
public class A {
   public static void main(String args[]) {
      B b=new B(20);
      add(b);
      System.out.println(b.intValue());
   }
   public static void add(B m) {
      int t=777;
      m.setIntValue(t);
   }
}
class B {
   int n;
   B(int n) {
      this.n=n;
```

```
   }
   public void setIntValue(int n) {
      this.n=n;
   }
   int intValue() {
      return n;
   }
}
```

7. 请写出 A 类中 System.out.println 的输出结果。

```
public class A {
   public static void main(String args[]) {
      Integer integer=new Integer(20);
      add(integer);
      System.out.println(integer.intValue());
   }
   public static void add(Integer m) {
      int t=777;
      m=new Integer(t);
   }
}
```

8. 请写出 A 类中 System.out.println 的输出结果。

```
class B {
   int n;
   static int sum=0;
   void setN(int n) {
     this.n=n;
   }
   int getSum() {
     for(int i=1;i<=n;i++)
        sum=sum+i;
     return sum;
   }
}
public class A {
   public static void main(String args[]) {
      B b1=new B(),b2=new B();
      b1.setN(3);
      b2.setN(5);
      int s1=b1.getSum();
      int s2=b2.getSum();
      System.out.println(s1+s2);
   }
}
```

答案：

1．AC

2.【代码 4】

3.【代码 3】和【代码 5】

4.【代码 1】和【代码 4】

5．sum=–100

6．777

7．20

8．27

上机实践 5　子类与继承

源码下载

实验 1　中国人、北京人和美国人

❶ **相关知识点**

由继承得到的类称为子类，被继承的类称为父类（超类），Java 不支持多重继承，即子类只能有一个父类。人们习惯地称子类与父类的关系是“is-a”关系。

如果子类和父类在同一个包中，那么子类自然地继承了其父类中不是 private 的成员变量作为自己的成员变量，并且也自然地继承了父类中不是 private 的方法作为自己的方法，继承的成员变量或方法的访问权限保持不变。当子类和父类不在同一个包中时，父类中的 private 和友好访问权限的成员变量不会被子类继承，也就是说子类只继承父类中的 protected 和 public 访问权限的成员变量作为子类的成员变量；同样，子类只继承父类中的 protected 和 public 访问权限的方法作为子类的方法。

当子类声明的成员的变量的名字和从父类继承来的成员变量的名字相同时，将隐藏掉所继承的成员变量。方法重写是指子类中定义一个方法，这个方法的类型和父类的方法的类型一致或者是父类的方法的类型的子类型，并且这个方法的名字、参数个数、参数的类型和父类的方法完全相同。子类如此定义的方法称作子类重写的方法。

子类继承的方法所操作的成员变量一定是被子类继承或隐藏的成员变量。重写方法既可以操作继承的成员变量、调用继承的方法，也可以操作子类新声明的成员变量、调用新定义的其他方法，但无法操作被子类隐藏的成员变量和方法。

❷ **实验目的**

本实验的目的是让学生巩固下列知识点：

（1）子类的继承性。

（2）子类对象的创建过程。

（3）成员变量的继承与隐藏。

（4）方法的继承与重写。

❸ **实验要求**

编写程序模拟中国人、美国人是人，北京人是中国人。除主类外，该程序中还有 People、Chinese、American 和 Beijingman 4 个类。要求如下：

（1）People 类有权限是 protected 的 double 型成员变量 height 和 weight，以及 public void speakHello()、public void averageHeight()和 public void averageWeight()方法。

（2）Chinese 类是 People 的子类，新增了 public void chinaGongfu()方法，要求 Chinese 重写父类的 public void speakHello()、public void averageHeight()和 public void averageWeight()方法。

（3）American 类是 People 的子类，新增了 public void americanBoxing()方法，要求 American

重写父类的 public void speakHello()、public void averageHeight()和 public void averageWeight()方法。

（4）Beijingman 类是 Chinese 的子类，新增了 public void beijingOpera()方法，要求 Beijingman 重写父类的 public void speakHello()、public void averageHeight()和 public void averageWeight()方法。

People 类、Chinese 类、American 类和 Beijingman 类的 UML 图如图 5.1 所示。

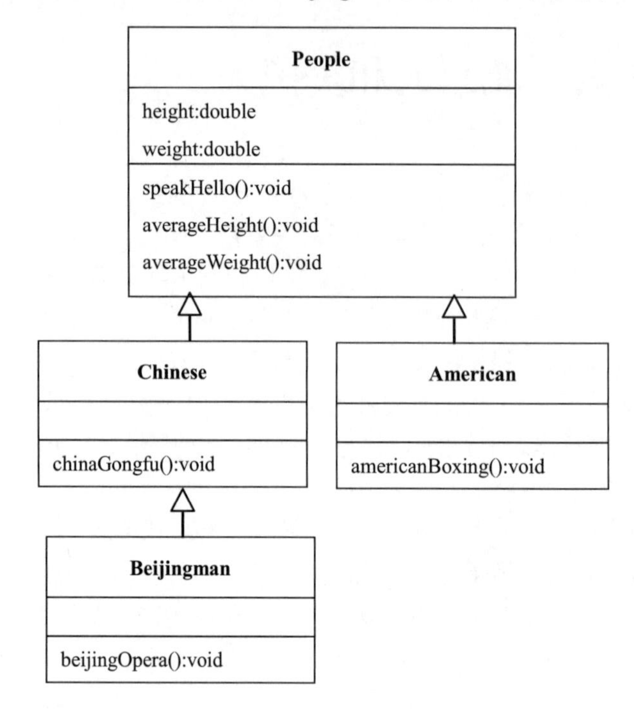

图 5.1　类的 UML 图

❹ 程序运行效果

程序运行效果如图 5.2 所示。

```
您好
How do you do
您好
中国人的平均身高:168.78 厘米
American's average height:176cm
北京人的平均身高:172.5 厘米
中国人的平均体重:65千克
American's average weight:75kg
北京人的平均体重:70千克
坐如钟,站如松,睡如弓
直拳、钩拳、组合拳
花脸、青衣、花旦和老生
坐如钟,站如松,睡如弓
```

图 5.2　成员的继承与重写

❺ 程序模板

请按模板要求将【代码】替换为 Java 程序代码。

People.java

```
public class People {
   protected double weight,height;
   public void speakHello() {
      System.out.println("yayayaya");
   }
   public void averageHeight() {
       height=173;
       System.out.println("average height:"+height);
   }
   public void averageWeight() {
      weight=70;
      System.out.println("average weight:"+weight);
```

```
    }
}
```

Chinese.java

```
public class Chinese extends People {
    public void speakHello() {
       System.out.println("您好");
    }
    public void averageHeight() {
       height=168.78;
       System.out.println("中国人的平均身高:"+height+" 厘米");
    }
   【代码 1】//重写public void averageWeight()方法,输出"中国人的平均体重:65 千克"
    public void chinaGongfu() {
       System.out.println("坐如钟,站如松,睡如弓");
    }
}
```

American.java

```
public class American extends People {
   【代码 2】 //重写public void speakHello()方法,输出"How do you do"
   【代码 3】 //重写public void averageHeight()方法,输出"American's average
           //height:176 cm"
    public void averageWeight() {
       weight=75;
       System.out.println("American's average weight:"+weight+" kg");
    }
    public void americanBoxing() {
       System.out.println("直拳、勾拳、组合拳");
    }
}
```

Beijingman.java

```
public class Beijingman extends Chinese {
   【代码 4】//重写public void averageHeight()方法,输出"北京人的平均身高:172.5 厘米"
   【代码 5】//重写public void averageWeight()方法,输出"北京人的平均体重:70 千克"
   public void beijingOpera() {
      System.out.println("花脸、青衣、花旦和老生");
   }
}
```

Example.java

```
public class Example {
   public static void main(String args[]) {
```

```
        Chinese chinaPeople=new Chinese();
        American americanPeople=new American();
        Beijingman beijingPeople=new Beijingman();
        chinaPeople.speakHello();
        americanPeople.speakHello();
        beijingPeople.speakHello();
        chinaPeople.averageHeight();
        americanPeople.averageHeight();
        beijingPeople.averageHeight();
        chinaPeople.averageWeight();
        americanPeople.averageWeight();
        beijingPeople.averageWeight();
        chinaPeople.chinaGongfu();
        americanPeople.americanBoxing();
        beijingPeople.beijingOpera();
        beijingPeople.chinaGongfu();
    }
}
```

❻ 实验指导

（1）如果子类可以继承父类的方法，子类就有权利重写这个方法，子类通过重写父类的方法可以改变方法的具体行为。

（2）方法重写时一定要保证方法的名字、类型、参数个数和类型与父类的某个方法完全相同，只有这样子类继承的这个方法才被隐藏。

（3）子类在重写方法时不可以将实例方法更改为类方法，也不可以将类方法更改为实例方法，即如果重写的方法是 static 方法，static 关键字必须要保留；如果重写的方法是实例方法，在重写时不可以用 static 修饰该方法。

❼ 实验后的练习

People 类中的

```
public void speakHello()
public void averageHeight()
public void averageWeight()
```

3 个方法的方法体中的语句是否可以省略？

❽ 填写实验报告

实验编号：501 学生姓名：　　实验时间：　　教师签字：

实验效果评价	A	B	C	D	E
模板完成情况					
实验后的练习效果评价	A	B	C	D	E
练习完成情况					
总评					

实验 2　银行计算利息

❶ 相关知识点

子类一旦隐藏了继承的成员变量，那么子类创建的对象就不再拥有该变量，该变量将归关键字 super 所拥有；同样，子类一旦重写了继承的方法，就覆盖（隐藏）了继承的方法，那么子类创建的对象就不能调用被覆盖（隐藏）的方法，该方法的调用由关键字 super 负责。因此，如果在子类中想使用被子类隐藏的成员变量或覆盖的方法就需要使用关键字 super。比如 super.x、super.play()就是访问和调用被子类隐藏的成员变量 x 和方法 play()。

❷ 实验目的

本实验的目的是让学生掌握重写的目的以及怎样使用 super 关键字。

❸ 实验要求

假设银行 Bank 已经有了按整年 year 计算利息的一般方法，其中 year 只能取正整数。比如按整年计算的方法如下：

```
double computerInterest() {
   interest=year*0.35*savedMoney;
   return interest;
}
```

建设银行 ConstructionBank 是 Bank 的子类，准备隐藏继承的成员变量 year，并重写计算利息的方法，即自己声明一个 double 型的 year 变量，比如，当 year 取值为 5.216 时，表示要计算 5 年零 216 天的利息，但希望首先按银行 Bank 的方法 computerInterest()计算出 5 整年的利息，然后再自己计算 216 天的利息。那么，建设银行就必须把 5.216 的整数部分赋给隐藏的 year，并让 super 调用隐藏的、按整年计算利息的方法。

要求 ConstructionBank 类和 BankOfDalian 类是 Bank 类的子类，ConstructionBank 类和 BankOfDalian 类都使用 super 调用隐藏的成员变量和方法。

ConstructionBank 类、BankOfDalian 类和 Bank 类的 UML 图如图 5.3 所示。

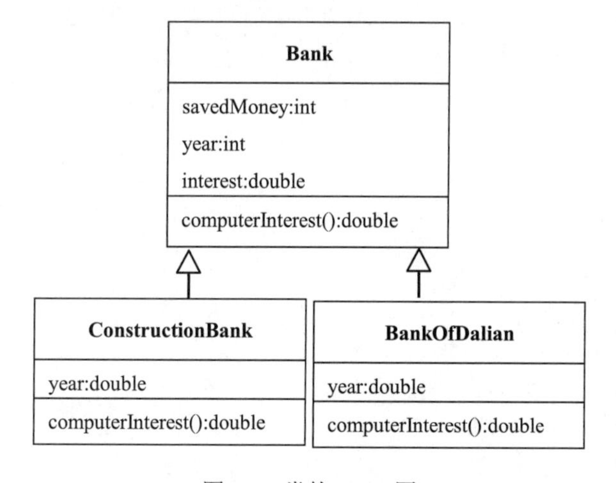

图 5.3　类的 UML 图

```
8000元存在建设银行8年零236天的利息:2428.800000元
8000元存在大连银行8年零236天的利息:2466.560000元
两个银行利息相差37.760000元
```

图 5.4　银行计算利息

❹ **程序运行效果**

程序运行效果如图 5.4 所示。

❺ **程序模板**

请按模板要求将【代码】替换为 Java 程序代码。

Bank.java

```
public class Bank {
   int savedMoney;
   int year;
   double interest;
   double interestRate=0.29;
   public double computerInterest() {
      interest=year*interestRate*savedMoney;
      return interest;
   }
   public void setInterestRate(double rate) {
      interestRate=rate;
   }
}
```

ConstructionBank.java

```
public class ConstructionBank extends Bank {
   double year;
   public double computerInterest() {
      super.year=(int)year;
      double r=year-(int)year;
      int day=(int)(r*1000);
      double yearInterest=【代码 1】 //super 调用隐藏的 computerInterest()方法
      double dayInterest=day*0.0001*savedMoney;
      interest=yearInterest+dayInterest;
      System.out.printf("%d 元存在建设银行%d 年零%d 天的利息:%f 元\n",
                        savedMoney,super.year,day,interest);
      return interest;
   }
}
```

BankOfDalian.java

```
public class BankOfDalian extends Bank {
   double year;
   public double computerInterest() {
      super.year=(int)year;
      double r=year-(int)year;
      int day=(int)(r*1000);
      double yearInterest=【代码 2】 //super 调用隐藏的 computerInterest()方法
```

```
        double dayInterest=day*0.00012*savedMoney;
        interest=yearInterest+dayInterest;
        System.out.printf("%d 元存在大连银行%d 年零%d 天的利息:%f 元\n",
                          savedMoney,super.year,day,interest);
        return interest;
    }
}
```

SaveMoney.java

```
public class SaveMoney {
    public static void main(String args[]) {
        int amount=8000;
        ConstructionBank bank1=new ConstructionBank();
        bank1.savedMoney=amount;
        bank1.year=8.236;
        bank1.setInterestRate(0.035);
        double interest1=bank1.computerInterest();
        BankOfDalian bank2=new BankOfDalian();
        bank2.savedMoney=amount;
        bank2.year=8.236;
        bank2.setInterestRate(0.035);
        double interest2=bank2.computerInterest();
        System.out.printf("两个银行利息相差%f 元\n",interest2-interest1);
    }
}
```

❻ 实验指导

（1）当 super 调用被隐藏的方法时，该方法中出现的成员变量是被子类隐藏的成员变量或继承的成员变量。

（2）子类不继承父类的构造方法，因此子类在其构造方法中需使用 super 来调用父类的构造方法，而且 super 必须是子类构造方法中的头一条语句，即如果在子类的构造方法中没有明显地写出 super 关键字来调用父类的某个构造方法，那么默认有“super();”。当类中定义了多个构造方法时，应当包括一个不带参数的构造方法，以防子类省略 super 时出现错误。

❼ 实验后的练习

参照建设银行或大连银行再编写一个商业银行，让程序输出 8000 元存在商业银行 8 年零 236 天的利息。

❽ 填写实验报告

实验编号：502 学生姓名：　　实验时间：　　教师签字：

实验效果评价	A	B	C	D	E
模板完成情况					
实验后的练习效果评价	A	B	C	D	E
练习完成情况					
总评					

实验 3　公司支出的总薪水

❶ 相关知识点

假设 B 是 A 的子类或间接子类，当用子类 B 创建一个对象，并把这个对象的引用放到 A 类声明的对象中时，比如：

```
A a;
a=new B();
```

或

```
A a;
B b=new B();
a=b;
```

那么就称对象 a 是子类对象 b 的上转型对象。上转型对象不能操作子类声明的成员变量（失掉了这部分属性），不能使用子类定义的方法（失掉了一些功能）。上转型对象可以操作子类继承的成员变量和隐藏的成员变量，也可以使用子类继承或重写的方法。上转型对象操作子类继承或重写的方法时就是通知对应的子类对象去调用这些方法。因此，如果子类重写了父类的某个方法，对象的上转型对象调用这个方法时一定是调用了这个重写的方法。上转型对象不能操作子类新增的方法和成员变量。可以将对象的上转型对象再强制转换为一个子类对象，这时该子类对象又具备了子类的所有属性和功能。

❷ 实验目的

本实验的目的是让学生掌握上转型对象的使用。在讲述继承与多态时通过子类对象的上转型体现了继承的多态性，即把子类创建的对象的引用放到一个父类的对象中，得到该对象的一个上转型对象，那么这个上转型对象在调用方法时就可能具有多种形态，不同对象的上转型对象调用同一方法可能产生不同的行为。

❸ 实验要求

要求有一个 abstract 类，类名为 Employee。Employee 的子类有 YearWorker、MonthWorker、WeekWorker。YearWorker 对象按年领取薪水，MonthWorker 按月领取薪水，WeekWorker 按周领取薪水。Employee 类有一个 abstract 方法：

```
public abstract earnings();
```

子类必须重写父类的 earnings()方法，给出各自领取薪水的具体方式。

另外有一个 Company 类，该类用 Employee 对象数组作为成员，Employee 对象数组的单元可以是 YearWorker 对象的上转型对象、MonthWorker 对象的上转型对象或 WeekWorker 对象的上转型对象。程序能输出 Company 对象一年需要支付的薪水总额。

公司薪水总额:789600.0元

图 5.5　薪水总额

❹ 程序运行效果

程序运行效果如图 5.5 所示。

❺ 程序模板

请按模板要求将【代码】替换为 Java 程序代码。

CompanySalary.java

```
abstract class Employee {
   public abstract double earnings();
}
class YearWorker extends Employee {
   【代码 1】 //重写 earnings()方法
}
class MonthWorker extends Employee {
   【代码 2】 //重写 earnings()方法
}
class WeekWorker extends Employee {
   【代码 3】 //重写 earnings()方法
}
class Company {
   Employee[] employee;
   double salaries=0;
   Company(Employee[] employee) {
      this.employee=employee;
   }
   public double salariesPay() {
       salaries=0;
      【代码 4】 //计算 salaries
       return salaries;
   }
}
public class CompanySalary {
   public static void main(String args[]) {
      Employee [] employee=new Employee[29];      //公司有 29 名雇员
      for(int i=0;i<employee.length;i++) {        //雇员简单地分成 3 类
         if(i%3==0)
             employee[i]=new WeekWorker();
         else if(i%3==1)
             employee[i]=new MonthWorker();
         else if(i%3==2)
            employee[i]=new YearWorker();
      }
      Company company=new Company(employee);
      System.out.println("公司薪水总额:"+company.salariesPay()+"元");
   }
}
```

❻ 实验指导

（1）对于【代码 2】，按一年 12 个月计算出雇员一年的年薪，比如：

```
public double earnings() {
```

```
    return 12*2300;
  }
```

（2）尽管 abstract 类不能创建对象，但 abstract 类声明的对象可以存放子类对象的引用，即成为子类对象的上转型对象。由于 abstract 类可以有 abstract 方法，这样就保证子类必须要重写这些 abstract 方法。由于数组 employee 的每个单元都是某个子类对象的上转型对象，实验中的【代码 4】可以通过循环语句让数组 employee 的每个单元调用 earnings()方法，并将该方法返回的值累加到 salaries，代码如下：

```
for(int i=0;i<employee.length;i++) {
    salaries=salaries+employee[i].earnings();
}
```

❼ 实验后的练习

（1）如果子类 YearWorker 不重写 earnings()方法，程序编译时将提示怎样的错误？

（2）再增加一种雇员，并计算公司一年的总薪水。

❽ 填写实验报告

实验编号：503 学生姓名： 实验时间： 教师签字：

实验效果评价	A	B	C	D	E
模板完成情况					
实验后的练习效果评价	A	B	C	D	E
练习（1）完成情况					
练习（2）完成情况					
总评					

实验答案

实验 1：

【代码 1】

```
public void averageWeight() {
    weight=65;
    System.out.println("中国人的平均体重:"+weight+" 千克");
}
```

【代码 2】

```
public void speakHello() {
    System.out.println("How do you do");
}
```

【代码 3】

```
public void averageHeight() {
    height=176;
    System.out.println("American's average height:"+height+" cm");
}
```

【代码 4】

```
public void averageHeight() {
    height=172.5;
    System.out.println("北京人的平均身高:"+height+" 厘米");
}
```

【代码 5】

```
public void averageWeight() {
    weight=70;
    System.out.println("北京人的平均体重:"+weight+" 千克");
}
```

实验 2：

【代码 1】super.computerInterest();

【代码 2】super.computerInterest();

实验 3：

【代码 1】

```
public double earnings() {
    return 12000;
}
```

【代码 2】

```
public double earnings() {
   return 12*2300;
}
```

【代码 3】

```
public double earnings() {
   return 52*780;
}
```

【代码 4】

```
for(int i=0;i<employee.length;i++) {
    salaries=salaries+employee[i].earnings();
}
```

自 测 题

1. 下列叙述正确的是（　　）。

   A. final 类不可以有子类

   B. abstract 类中只可以有 abstract 方法

   C. abstract 类中可以有非 abstract 方法，但该方法不可以用 final 修饰

D．不可以同时用 final 和 abstract 修饰一个方法

2．下列代码中，（　　）替换程序中的【代码】会导致编译错误。

A．protected int getNumber() { return 100; }

B．int getNumber() { return 100; }

C．public int getNumber() { return 100; }

D．public int getNumber() { return 'a'+'b'; }

```
abstract class AAA {
    abstract protected int getNumber();
}
class BBB extends AAA {
   【代码】
}
```

3．下列代码中，（　　）替换程序中的【代码】不会导致编译错误。

A．protected long getNumber(){ return 20L; }

B．public byte getNumber(){ return 10; }

C．public int getNumber(){ return (byte)10; }

D．public char getNumber(){ return 'A'; }

```
abstract class AAA {
    abstract protected int getNumber();
}
class BBB extends AAA {
   【代码】
}
```

4．请写出 E 类中 System.out.println 的输出结果。

```
class A {
  double f(double x,float y) {
    return x+y;
  }
  double f(float x,float y) {
    return x*y;
  }
}
public class E {
   public static void main(String args[]) {
       A a=new A();
       System.out.println("**"+a.f(10,10));
       System.out.println("##"+a.f(10.0,10.0F));
   }
}
```

5．请写出 E 类中 System.out.println 的输出结果。

```
class A {
   double f(double x,double y) {
     return x+y;
   }
}
class B extends A {
   double f(int x,int y) {
      return x*y;
   }
}
public class E {
   public static void main(String args[]) {
      B b=new B();
      System.out.println(b.f(3,5));
      System.out.println(b.f(3.0,5.0));
   }
}
```

6．请写出 E 类中 System.out.println 的输出结果。

```
class A {
   double f(double x,double y) {
     return x+y;
   }
   static int g(int n) {
      return n*n;
   }
}
class B extends A {
   double f(double x,double y) {
      double m=super.f(x,y);
      return m+x*y;
   }
   static int g(int n) {
      int m=A.g(n);
      return m+n;
   }
}
public class E {
   public static void main(String args[]) {
       B b=new B();
       System.out.println(b.f(10.0,8.0));
       System.out.println(b.g(3));
  }
}
```

答案：

1．AD

2．B

3．C

4．**100

##10

5．15.0

80.0

6．98.0

12

上机实践 6　接口与实现

实验 1　评价成绩

❶ 相关知识点

接口体中可以有常量的声明（没有变量）和抽象方法的声明，而且接口体中所有常量的访问权限一定都是 public（允许省略 public、final 修饰符），所有抽象方法的访问权限一定都是 public（允许省略 public、abstract 修饰符）。

接口由类去实现，以便绑定接口中的方法。一个类可以实现多个接口，类通过使用关键字 implements 声明自己实现一个或多个接口。如果一个非抽象类实现了某个接口，那么这个类必须重写该接口的所有抽象方法。

❷ 实验目的

本实验的目的是让学生掌握用类怎样实现接口。

❸ 实验要求

体操比赛计算选手成绩的办法是去掉一个最高分和最低分后再计算平均分，而学校考查一个班级的某科目的考试情况时是计算全班同学的平均成绩。Gymnastics 类和 School 类都实现了 ComputerAverage 接口，但实现的方式不同。

❹ 程序运行效果

程序运行效果如图 6.1 所示。

```
体操选手最后得分:9.668
班级考试平均分数:73.09
```

图 6.1　评价成绩

❺ 程序模板

请按模板要求将【代码】替换为 Java 程序代码。

Estimator.java

```
interface ComputerAverage {
   public double average(double x[]);
}
class Gymnastics implements ComputerAverage {
   public double average(double x[]) {
      int count=x.length;
      double aver=0,temp=0;
      for(int i=0;i<count;i++) {
         for(int j=i;j<count;j++) {
            if(x[j]<x[i]) {
              temp=x[j];
              x[j]=x[i];
              x[i]=temp;
            }
```

```
            }
        }
        for(int i=1;i<count-1;i++) {
            aver=aver+x[i];
        }
        if(count>2)
            aver=aver/(count-2);
        else
            aver=0;
        return aver;
    }
}
class School implements ComputerAverage {
    【代码1】//重写public double average(double x[])方法，返回数组x[]的元素的算术平均
}
public class Estimator{
    public static void main(String args[]) {
        double a[]={9.89,9.88,9.99,9.12,9.69,9.76,8.97};
        double b[]={89,56,78,90,100,77,56,45,36,79,98};
        ComputerAverage computer;
        computer=new Gymnastics();
        double result=【代码2】    //computer调用average(double x[])方法，将数组a
                                   //传递给参数x
        System.out.printf("%n");
        System.out.printf("体操选手最后得分:%5.3f\n",result);
        computer=new School();
        result=【代码3】//computer调用average(double x[])方法，将数组b传递给参数x
        System.out.printf("班级考试平均分数:%-5.2f",result);
    }
}
```

❻ 实验指导

（1）可以把实现某一接口的类创建的对象的引用赋给该接口声明的接口变量，那么该接口变量就可以调用被类实现的接口中的方法。

（2）接口产生的多态就是指不同类在实现同一个接口时可能具有不同的实现方式。

❼ 实验后的练习

School 类如果不重写 public double average(double x[])方法，程序编译时会提示怎样的错误？

❽ 填写实验报告

实验编号：601　学生姓名：　　实验时间：　　教师签字：

实验效果评价	A	B	C	D	E
模板完成情况					
实验后的练习效果评价	A	B	C	D	E
练习完成情况					
总评					

实验 2　货车的装载量

❶ 相关知识点

接口回调是多态的另一种体现，把使用某一接口的类创建的对象的引用赋给该接口声明的接口变量，那么该接口变量就可以调用被类实现的接口中的方法，当接口变量调用被类实现的接口中的方法时就是通知相应的对象调用接口的方法，这一过程称为对象功能的接口回调。不同的类在使用同一接口时可能具有不同的功能体现，即接口的方法体不必相同，因此接口回调可能产生不同的行为。

❷ 实验目的

本实验的目的是让学生掌握接口回调技术。

❸ 实验要求

货车要装载一批货物，货物由电视机、计算机和洗衣机 3 种商品组成。卡车需要计算出整批货物的质量，具体需求如下。

（1）要求有一个 ComputerWeight 接口，该接口中有一个方法：

```
public double computerWeight()
```

（2）要求有 3 个实现该接口的类，即 Television、Computer 和 WashMachine。这 3 个类通过实现接口 computerTotalSales 给出自重。

（3）要求有一个 Truck 类，该类以 ComputerWeight 接口类型的数组作为成员（Truck 类面向接口），那么该数组的单元就可以存放 Television 对象的引用、Computer 对象的引用或 WashMachine 对象的引用。程序能输出 Truck 对象所装载的货物的总质量。

❹ 程序运行效果

程序运行效果如图 6.2 所示。

```
货车装载的货物质量:4319.69000 kg
货车装载的货物质量:588.20000 kg
```

图 6.2　货车的装载量

❺ 程序模板

请按模板要求将【代码】替换为 Java 程序代码。

CheckCarWeight.java

```
interface ComputerWeight {
   public double computerWeight();
}
class Television implements ComputerWeight {
   【代码 1】 //重写 computerWeight()方法
}
class Computer implements ComputerWeight {
   【代码 2】 //重写 computerWeight()方法
}
class WashMachine implements ComputerWeight {
   【代码 3】 //重写 computerWeight()方法
}
class Truck {
   ComputerWeight [] goods;
   double totalWeights=0;
```

```
   Truck(ComputerWeight[] goods) {
      this.goods=goods;
   }
   public void setGoods(ComputerWeight[] goods) {
      this.goods=goods;
   }
   public double getTotalWeights() {
      totalWeights=0;
     【代码 4】 //计算 totalWeights
      return totalWeights;
   }
}
public class CheckCarWeight {
   public static void main(String args[]) {
      ComputerWeight[] goods=new ComputerWeight[650];    //650 件货物
      for(int i=0;i<goods.length;i++) {                  //简单分成 3 类
           if(i%3==0)
             goods[i]=new Television();
           else if(i%3==1)
             goods[i]=new Computer();
           else if(i%3==2)
             goods[i]=new WashMachine();
     }
     Truck truck=new Truck(goods);
     System.out.printf("\n 货车装载的货物重量:%-8.5f kg\n",truck.getTotal-
     Weights());
     goods=new ComputerWeight[68];        //68 件货物
     for(int i=0;i<goods.length;i++) {    //简单分成两类
          if(i%2==0)
            goods[i]=new Television();
          else
            goods[i]=new WashMachine();
     }
     truck.setGoods(goods);
     System.out.printf("货车装载的货物质量:%-8.5f kg\n",truck.getTotalWeights());
   }
}
```

❻ 实验指导

（1）对于【代码 1】，可以简单返回一个值表示货物的质量，例如：

```
public double computerWeight() {
    return 3.5;
}
```

（2）由于数组 goods 的每个单元中存放的是实现 ComputerWeight 接口的对象的引用，实验中的【代码 4】可以通过循环语句让数组 goods 的每个单元调用 computerWeight()方法，并将该方法返回的值累加到 totalWeights，如下所示：

```
for(int i=0;i<goods.length;i++) {
   totalWeights+=goods[i].computerWeight();
}
```

❼ 实验后的练习

请在实验的基础上再编写一个实现 ComputerWeight 接口的类，比如 Refrigerrator，这样货车装载的货物中就可以有 Refrigerrator 类型的对象。

当系统增加一个实现 ComputerWeight 接口的类后，Truck 类需要进行修改吗？

❽ 填写实验报告

实验编号：602　学生姓名：　　实验时间：　　教师签字：

实验效果评价	A	B	C	D	E
模板完成情况					
实验后的练习效果评价	A	B	C	D	E
练习完成情况					
总评					

实验 3　小狗的状态

❶ 相关知识点

在设计程序时经常会使用接口，其原因是接口只关心操作，不关心这些操作具体实现的细节，可以使程序的设计者把主要精力放在程序的设计上，而不必拘泥于细节的实现（细节留给接口的实现者），即避免设计者把大量的时间和精力花费于具体的算法上。

使用接口进行程序设计的核心技术之一是使用接口回调，即将实现接口的类的对象的引用放到接口变量中，那么这个接口变量就可以调用类实现的接口方法。

所谓面向接口编程，是指在设计某种重要的类时不让该类面向具体的类，而是面向接口，即所设计类中的重要数据是接口声明的变量，而不是具体类声明的对象。

❷ 实验目的

本实验的目的是让学生掌握面向接口编程思想。

❸ 实验要求

小狗在不同环境条件下可能呈现不同的状态表现，要求用接口封装小狗的状态，具体要求如下。

（1）编写一个接口 DogState，该接口有一个名字为 void showState()的方法。

（2）编写 Dog 类，该类中有一个 DogState 接口声明的变量 state。另外，该类有一个 show()方法，在该方法中让接口 state 回调 showState()方法。

（3）编写若干个实现 DogState 接口的类，负责刻画小狗的各种状态。

（4）编写主类，在主类中测试小狗的各种状态。

❹ 程序运行效果

程序运行效果如图 6.3 所示。

```
狗在主人面前:听主人的命令
狗遇到敌人:狂叫，并冲上去狠咬敌人
狗遇到朋友:晃动尾巴，表示欢迎
狗遇到同伴:嬉戏
```

图 6.3　小狗的状态

❺ 程序模板

请按模板要求将【代码】替换为 Java 程序代码。

CheckDogState.java

```
interface DogState {
   public void showState();
}
class SoftlyState implements DogState {
   public void showState() {
      System.out.println("听主人的命令");
   }
}
class MeetEnemyState implements DogState {
   【代码 1】 //重写public void showState()方法
}
class MeetFriendState implements DogState {
   【代码 2】 //重写public void showState()方法
}
class MeetAnotherDog implements DogState {
   【代码 3】 //重写public void showState()方法
}
class Dog {
   DogState  state;
   public void show() {
      state.showState();
   }
   public void setState(DogState s) {
      state=s;
   }
}
public class CheckDogState {
   public static void main(String args[]) {
      Dog yellowDog=new Dog();
      System.out.print("狗在主人面前:");
      yellowDog.setState(new SoftlyState());
      yellowDog.show();
      System.out.print("狗遇到敌人:");
      yellowDog.setState(new MeetEnemyState());
      yellowDog.show();
      System.out.print("狗遇到朋友:");
      yellowDog.setState(new MeetFriendState());
      yellowDog.show();
      System.out.print("狗遇到同伴:");
      yellowDog.setState(new MeetAnotherDog());
      yellowDog.show();
   }
}
```

❻ **实验指导**

当增加一个实现 DogState 接口的类后，Dog 类不需要进行修改。

❼ **实验后的练习**

用面向接口的思想编写程序，模拟水杯中的水在不同温度下可能出现的状态。

❽ **填写实验报告**

实验编号：603　学生姓名：　　实验时间：　　教师签字：

实验效果评价	A	B	C	D	E
模板完成情况					
实验后的练习效果评价	A	B	C	D	E
练习完成情况					
总评					

实验答案

实验 1：

【代码 1】

```
public double average(double x[]) {
      int count=x.length;
      double aver=0;
      for(int i=0;i<count;i++) {
         aver=aver+x[i];
      }
      aver=aver/count;
      return aver;
}
```

【代码 2】computer.average(a);

【代码 3】computer.average(b);

实验 2：

【代码 1】

```
public double computerWeight() {
      return 3.5;
}
```

【代码 2】

```
public double computerWeight() {
      return 2.67;
}
```

【代码 3】

```
public double computerWeight() {
```

```
        return 13.8;
    }
```

【代码4】

```
for(int i=0;i<goods.length;i++) {
    totalWeights+=goods[i].computerWeight();
}
```

实验3：

【代码1】

```
public void showState() {
        System.out.println("狂叫，并冲上去狠咬敌人");
}
```

【代码2】

```
public void showState() {
        System.out.println("晃动尾巴,表示欢迎");
}
```

【代码3】

```
public void showState() {
        System.out.println("嬉戏");
}
```

自测题

1．下列代码中，（　　）替换程序中的【代码】不会导致编译错误。

A．protected int getNumber() { return 100; }

B．int getNumber() { return 100; }

C．public int getNumber() { return 100; }

D．int getNumber() { return 'a'+'b'; }

```
interface class AAA {
   abstract int getNumber();
}
class BBB implements AAA {
   【代码】
}
```

2．请写出E类中System.out.printf的输出结果。

```
interface Computer {
   int computer(int x,int y);
}
abstract class AA {
```

```
    int computer(int x,int y) {
        return x-y;
    }
}
class B extends AA implements Computer{
   public int computer(int x,int y) {
      return x+y;
   }
}
public class E {
   public static void main(String args[]) {
     Computer com=new B();
     AA a=new B();
     System.out.printf("%d\n",com.computer(12,10));
     System.out.printf("%d\n",a.computer(15,5));
   }
}
```

答案：

1. C
2. 22

   20

源码下载

上机实践 7 内部类与异常类

实验 1 内部购物券

❶ 相关知识点

Java 支持在一个类中声明另一个类，这样的类称作内部类，而包含内部类的类称为内部类的外嵌类。内部类的外嵌类的成员变量在内部类中仍然有效，内部类中的方法也可以调用外嵌类中的方法。在内部类的类体中不可以声明类变量和类方法。内部类仅供它的外嵌类使用，其他类不可以用某个类的内部类声明对象。

❷ 实验目的

本实验的目的是让学生掌握内部类的用法。

❸ 实验要求

手机专卖店为了促销自己的产品，决定发行内部购物券，但其他商场不能发行该购物券。编写一个 MobileShop 类（模拟手机专卖店），该类中有一个名字为 InnerPurchaseMoney 的内部类（模拟内部购物券）。

❹ 程序运行效果

程序运行效果如图 7.1 所示。

```
手机专卖店目前有30部手机
用价值20000的内部购物券买了6部手机
用价值10000的内部购物券买了3部手机
手机专卖店目前有21部手机
```

图 7.1 内部购物券

❺ 程序模板

请按模板要求将【代码】替换为 Java 程序代码。

NewYear.java

```
class MobileShop {
   【代码 1】 //用内部类 InnerPurchaseMoney 声明对象 purchaseMoney1
   【代码 2】 //用内部类 InnerPurchaseMoney 声明对象 purchaseMoney1
   private int mobileAmount;  //手机的数量
   MobileShop(){
    【代码 3】 //创建价值为 20000 的 purchaseMoney1
    【代码 4】 //创建价值为 10000 的 purchaseMoney2
   }
   void setMobileAmount(int m) {
     mobileAmount=m;
   }
   int getMobileAmount() {
      return mobileAmount;
   }
   class InnerPurchaseMoney {
        int moneyValue;
        InnerPurchaseMoney(int m) {
```

```
            moneyValue=m;
        }
        void buyMobile() {
            if(moneyValue>=20000) {
                mobileAmount=mobileAmount-6;
                System.out.println("用价值"+moneyValue+"的内部购物券买了 6 部手机");
            }
            else if(moneyValue<20000&&moneyValue>=10000) {
                mobileAmount=mobileAmount-3;
                System.out.println("用价值"+moneyValue+"的内部购物券买了 3 部手机");
            }
        }
    }
}
public class NewYear
{
    public static void main(String args[]) {
        MobileShop shop=new MobileShop();
        shop.setMobileAmount(30);
        System.out.println("手机专卖店目前有"+shop.getMobileAmount()+"部手机");
        shop.purchaseMoney1.buyMobile();
        shop.purchaseMoney2.buyMobile();
        System.out.println("手机专卖店目前有"+shop.getMobileAmount()+"部手机");
    }
}
```

❻ 实验指导

（1）静态（static）内部类不可以操作外嵌类中的实例成员。

（2）内部类可以限制其他类用这个内部类实例化对象。

❼ 实验后的练习

参照本实验，用内部类模拟一个实际问题。

❽ 填写实验报告

实验编号：701 学生姓名：　　实验时间：　　教师签字：

实验效果评价	A	B	C	D	E
模板完成情况					
实验后的练习效果评价	A	B	C	D	E
练习完成情况					
总评					

实验 2　检查危险品

❶ 相关知识点

Java 使用 try-catch 语句来处理异常，将可能出现的异常操作放在 try-catch 语句的 try 部分，一旦 try 部分抛出异常对象，比如调用某个抛出异常的方法抛出了异常对象，那么将立刻结束执行 try 部分，而转向执行相应的 catch 部分。

❷ 实验目的

本实验的目的是让学生掌握使用 try-catch 语句。

❸ 实验要求

车站检查危险品的设备，如果发现危险品会发出警告。编程模拟设备发现危险品。

编写一个 Exception 的子类 DangerException，该子类可以创建异常对象，该异常对象调用 toShow()方法输出“危险品！”。

编写一个 Machine 类，该类的 checkBag(Goods goods)方法当发现参数 goods 是危险品时（goods 的 isDanger 属性是 true）将抛出 DangerException 异常。

程序在主类的main()方法中的try-catch语句的try部分让Machine类的实例调用checkBag(Goods goods)方法，如果发现危险品就在 try-catch 语句的 catch 部分处理危险品。

❹ 程序运行效果

程序运行效果如图 7.2 所示。

```
苹果不是危险品！ 苹果检查通过
危险品！ 炸药被禁止！
西服不是危险品！ 西服检查通过
危险品！ 硫酸被禁止！
手表不是危险品！ 手表检查通过
危险品！ 硫磺被禁止！
```

图 7.2　检查危险品

❺ 程序模板

请按模板要求将【代码】替换为 Java 程序代码。

Goods.java

```java
public class Goods {
   boolean isDanger;
   String name;
   public void setIsDanger(boolean boo) {
      isDanger=boo;
   }
   public boolean isDanger() {
      return isDanger;
   }
   public void setName(String s) {
      name=s;
   }
   public String getName() {
      return name;
   }
}
```

DangerException.java

```java
public class DangerException extends Exception {
   String message;
   public DangerException() {
       message="危险品！";
   }
   public void toShow() {
       System.out.print(message+" ");
   }
```

```
}
```

Machine.java

```
public class Machine {
      public void checkBag(Goods goods) throws DangerException {
           if(goods.isDanger()) {
                DangerException danger=new DangerException();
              【代码 1】  //抛出 danger
           }
         else {
              System.out.print(goods.getName()+"不是危险品!");
         }
    }
}
```

Check.java

```
public class Check {
  public static void main(String args[]) {
    Machine machine=new Machine();
    String name[]={"苹果","炸药","西服","硫酸","手表","硫黄"};
    Goods [] goods=new Goods[name.length]; //检查 6 件物品
    for(int i=0;i<name.length;i++) {
      goods[i]=new Goods();
      if(i%2==0) {
        goods[i].setIsDanger(false);
        goods[i].setName(name[i]);
      }
      else {
        goods[i].setIsDanger(true);
        goods[i].setName(name[i]);
      }
    }
    for(int i=0;i<goods.length;i++) {
     try { machine.checkBag(goods[i]);
        System.out.println(goods[i].getName()+"检查通过");
     }
     catch(DangerException e) {
       【代码 2】 //e 调用 toShow()方法
        System.out.println(goods[i].getName()+"被禁止!");
     }
    }
  }
}
```

❻ 实验指导

（1）try-catch 语句可以由几个 catch 组成，分别处理发生的相应异常。

（2）catch 参数中的异常类都是 Exception 的某个子类，表明 try 部分可能发生的异常，这些子类之间不能有父子关系，否则保留一个含有父类参数的 catch 即可。

❼ 实验后的练习

（1）是否可以将实验中 try-catch 语句中的 catch 捕获的异常更改为 Exception？

（2）是否可以将实验中 try-catch 语句中的 catch 捕获的异常更改为 java.io.IOException？

❽ 填写实验报告

实验编号：702 学生姓名： 实验时间： 教师签字：

实验效果评价	A	B	C	D	E
模板完成情况					
实验后的练习效果评价	A	B	C	D	E
练习（1）完成情况					
练习（2）完成情况					
总评					

实验答案

实验 1：

【代码 1】InnerPurchaseMoney purchaseMoney1;

【代码 2】InnerPurchaseMoney purchaseMoney2;

【代码 3】purchaseMoney1 = new InnerPurchaseMoney(20000);

【代码 4】purchaseMoney2 = new InnerPurchaseMoney(10000);

实验 2：

【代码 1】throw danger;

【代码 2】e.toShow();

自 测 题

1．请写出下列程序的输出结果。

```
public class E {
   public static void main(String args[]) {
      int m=5,n=-3;
      try{
          for(int i=1;i<=100;i++) {
            if(m+n>=0)
               System.out.print(m+n);
            else
              throw new java.io.IOException();
            m--;
          }
      }
      catch(Exception e) {
```

```
            System.out.print("不能循环 100 次");
        }
    }
}
```

2. 请写出下列程序的输出结果。

```
class MyException extends Exception {
   String message;
   MyException(String str) {
      message=str;
   }
   public String getMessage() {
     return message;
   }
}
abstract class A {
   abstract int f(int x,int y) throws MyException;
}
class B extends A {
   int f(int x,int y) throws MyException {
     if(x>99||y>99)
        throw new MyException("乘数超过 99");
     return x*y;
   }
}
public class E {
   public static void main(String args[]) {
      A a;
      a=new B();
      try{
          System.out.print(a.f(12,8)+" ");
          System.out.print(a.f(120,3)+" ");
      }
      catch(MyException e) {
          System.out.print(e.getMessage());
      }
  }
}
```

答案:

1. 210 不能循环 100 次
2. 96 乘数超过 99

源码下载

上机实践 8　常用实用类

实验 1　检索简历

❶ 相关知识点

Java 使用 java.lang 包中的 String 类来创建一个字符串变量，因此字符串变量是一个对象。String 类提供了诸如 indexOf(int n)和 substring(int index)的常用方法。String 类是 final 类，不可以有子类。

❷ 实验目的

本实验的目的是让学生掌握 String 类的常用方法。

❸ 实验要求

简历的内容如下：

```
"姓名:张三 出生时间:1989.10.16。个人网站:http://www.zhang.com。身高:185 cm,体重:72 kg"
```

编写一个 Java 应用程序，判断简历中的姓名是否姓“张”，单独输出简历中的出生日期和个人网站，并判断简历中的身高是否大于 180cm，体重是否小于 75kg。

```
简历中的姓名姓"张"
1989.10.16
http://www.zhang.com
简历中的身高185大于或等于180 cm
简历中的体重72小于75 kg
```

图 8.1　检索简历

❹ 程序运行效果

程序运行效果如图 8.1 所示。

❺ 程序模板

请按模板要求将【代码】替换为 Java 程序代码。

FindMess.java

```
public class FindMess {
   public static void main(String args[]) {
      String mess="姓名:张三 出生日期:1989.10.16。个人网站:http://www.zhang.com。"+
                  "身高:185 cm,体重:72 kg";
      int index=【代码 1】  //mess 调用 indexOf(String s)方法返回字符串中首次出现
                            //冒号的位置
      String name=mess.substring(index+1);
      if(name.startsWith("张")) {
         System.out.println("简历中的姓名姓\"张\"");
      }
      index=【代码 2】//mess 调用 indexOf(String s,int start)返回字符串中第 2 次出
                     //现冒号的位置
      String date=mess.substring(index+1,index+11);
      System.out.println(date);
```

```
        index=mess.indexOf(":",index+1);
        int heightPosition=【代码 3】//mess 调用 indexOf(String s)返回字符串中首次
                                      //出现"身高"的位置
        String personNet=mess.substring(index+1,heightPosition-1);
        System.out.println(personNet);
        index=【代码 4】  //mess 调用 indexOf(String s,int start)返回字符串中"身高"
                          //后面的冒号位置
        int cmPosition=mess.indexOf("cm");
        String height=mess.substring(index+1,cmPosition);
        height=height.trim();
        int h=Integer.parseInt(height);
        if(h>=180) {
          System.out.println("简历中的身高"+height+"大于或等于 180 cm");
        }
        else {
          System.out.println("简历中的身高"+height+"小于 180 cm");
        }
        index=【代码 5】//mess 调用 lastIndexOf(String s)返回字符串中最后一个冒号的位置
        int kgPosition=mess.indexOf("kg");
        String weight=mess.substring(index+1,kgPosition);
        weight=weight.trim();
        int w=Integer.parseInt(weight);
        if(w>=75) {
          System.out.println("简历中的体重"+weight+"大于或等于 75 kg");
        }
        else {
          System.out.println("简历中的体重"+weight+"小于 75 kg");
        }
     }
  }
```

❻ 实验指导

（1）字符串 s 调用 substring()返回一个新的字符串对象，而 s 本身不会发生变化。

（2）字符串 s 调用 replaceAll(String newS,String oldS)返回一个新的字符串对象，而 s 本身不会发生变化。

❼ 实验后的练习

（1）在程序的适当位置增加如下代码，注意输出的结果。

```
String str1=new String ("ABCABC");
        str2=null;
        str3=null;
        str4=null;
  str2=str1.replaceAll("A","First");
  str3=str2.replaceAll("B","Second");
  str4=str3.replaceAll("C","Third");
  System.out.println(str1);
```

```
    System.out.println(str2);
    System.out.println(str3);
    System.out.println(str4);
```

（2）可以使用 Long 类中的下列 static 方法得到整数的各种进制的字符串表示。

```
public static String toBinaryString(long i)（返回整数 i 的二进制表示）
public static String toOctalString(long i) （返回整数 i 的八进制表示）
public static String toHexString(long i) （返回整数 i 的十六进制表示）
public static String toString(long i, int p) （返回整数 i 的 p 进制表示）
```

其中的 toString(long i,int p)返回整数 i 的 p 进制表示。请在适当位置添加代码输出 12345 的二进制、八进制和十六进制表示。

❽ 填写实验报告

实验编号：801 学生姓名： 实验时间： 教师签字：

实验效果评价	A	B	C	D	E
模板完成情况					
实验后的练习效果评价	A	B	C	D	E
练习（1）完成情况					
练习（2）完成情况					
总评					

实验 2 菜单的价格

❶ 相关知识点

Scanner 类的实例从字符串中解析数据。在默认情况下，Scanner 对象用空格作为分隔标记解析字符串。Scanner 对象调用 useDelimiter(String regex)方法将正则表达式作为分隔标记，即 Scanner 对象在解析字符串时把与正则表达式 regex 匹配的字符串作为分隔标记。

❷ 实验目的

本实验的目的是使学生掌握怎样使用 Scanner 类的对象从字符串中解析程序所需要的数据。

❸ 实验要求

菜单的内容如下：

```
"北京烤鸭:189 元 西芹炒肉:12.9 元 酸菜鱼:69 元 铁板牛柳:32 元"
```

编写一个 Java 应用程序，输出菜单中的价格数据，并计算出菜单的总价格。

❹ 程序运行效果

程序运行效果如图 8.2 所示。

```
189.0
12.9
69.0
32.0
菜单总价格:302.9元
```

图 8.2 菜单的价格

❺ 程序模板

请按模板要求将【代码】替换为 Java 程序代码。

ComputePrice.java

```
import java.util.*;
public class ComputePrice {
   public static void main(String args[]) {
      String menu="北京烤鸭:189 元 西芹炒肉:12.9 元 酸菜鱼:69 元 铁板牛柳:32 元";
      Scanner scanner=【代码 1】   //Scanner 类创建 scanner,将 menu 传递给构造方法的参数
      String regex = "[^0123456789.]+";
      【代码 2】   //scanner 调用 useDelimiter(String regex),将 regex 传递给该方法的参数
      double sum=0;
      while(scanner.hasNext()){
         try{
              double price=【代码 3】  //scanner 调用 nextDouble()返回数字型单词
              sum=sum+price;
              System.out.println(price);
         }
         catch(InputMismatchException exp){
              String t=scanner.next();
         }
      }
      System.out.println("菜单总价格:"+sum+"元");
   }
}
```

❻ 实验指导

（1）scanner 可以用 nextInt()或 nextDouble()方法解析字符串中的数字型单词，即 scanner 可以调用 nextInt()或 nextDouble()方法将数字型单词转换为 int 型或 double 型数据返回。

（2）如果单词不是数字型单词，scanner 调用 nextInt()或 nextDouble()方法将抛出 InputMismatchException 异常。

❼ 实验后的练习

让 Scanner 类的实例使用正则表达式：

```
String regex="[^(http//|www)\56?\\w+\56{1}\\w+\56{1}\\p{Alpha}]+";
```

作为分隔标记，解析出字符串：

```
"中央电视台:www.cctv.com 清华大学:www.tsinghua.edu.cn
```

中的全部网站链接地址。

❽ 填写实验报告

实验编号：802　学生姓名：　　实验时间：　　教师签字：

实验效果评价	A	B	C	D	E
模板完成情况					
实验后的练习效果评价	A	B	C	D	E
练习完成情况					
总评					

实验 3　比较日期

❶ 相关知识点

Date 类在 java.util 包中。使用 Date 类的无参数构造方法创建的对象可以获取本地当前时间，使用 Date 的构造方法 Date(long time)创建的 Date 对象表示相对 1970 年 1 月 1 日 0 点（GMT）的时间，例如参数 time 取值为 60*60*1000 秒表示 Thu Jan 01 01:00:00 GMT 1970。

Calendar 类在 java.util 包中。使用 Calendar 类的 static 方法 getInstance()可以初始化一个日历对象，例如：

```
Calendar calendar=Calendar.getInstance();
```

然后，calendar 对象可以调用方法：

```
public final void set(int year,int month,int date)
public final void set(int year,int month,int date,int hour,int minute)
public final void set(int year,int month, int date,int hour,int minute,int
second)
```

将日历设置到任何一个时间，当参数 year 取负数时表示公元前。

❷ 实验目的

本实验的目的是让学生掌握 Date 类以及 Calendar 类的常用方法。

❸ 实验要求

编写一个 Java 应用程序，用户输入两个日期，程序将判断两个日期的大小关系以及两个日期的间隔天数。

```
输入第一个年，月，日数据
输入年份2022
输入月份7
输入日期31
输入第二个年，月，日数据
输入年份2011
输入月份1
输入日期5
您输入的第二个日期小于第一个日期
2022年7月31日和2011年1月5相隔4225天
```

图 8.3　比较日期

❹ 程序运行效果

程序运行效果如图 8.3 所示。

❺ 程序模板

请按模板要求将【代码】替换为 Java 程序代码。

CompareDate.java

```
import java.util.*;
public class CompareDate {
   public static void main(String args[]) {
      Scanner scanner=new Scanner(System.in);
      System.out.println("输入第一个年,月,日数据");
      System.out.print("输入年份");
      short yearOne=scanner.nextShort();
      System.out.print("输入月份");
      byte monthOne=scanner.nextByte();
      System.out.print("输入日期");
      byte dayOne=scanner.nextByte();
      System.out.println("输入第二个年,月,日数据");
      System.out.print("输入年份");
```

```
        short yearTwo=scanner.nextShort();
        System.out.print("输入月份");
        byte monthTwo=scanner.nextByte();
        System.out.print("输入日期");
        byte dayTwo=scanner.nextByte();
        Calendar calendar=【代码 1】 //初始化日历对象
        【代码 2】   //将 calendar 的时间设置为 yearOne 年 monthOne 月 dayOne 日
        long timeOne=【代码 3】             //将 calendar 表示的时间转换成毫秒
        calendar.set(yearTwo,monthTwo-1,dayTwo);
        long timeTwo=calendar.getTimeInMillis();
        Date date1=【代码 4】               //用 timeOne 作参数构造 date1
        Date date2=new Date(timeTwo);
        if(date2.equals(date1))
           System.out.println("两个日期的年、月、日完全相同");
        else if(date2.after(date1))
           System.out.println("您输入的第二个日期大于第一个日期");
        else if(date2.before(date1))
           System.out.println("您输入的第二个日期小于第一个日期");
        long days=【代码 5】//使用 timeTwo 和 timeOne 计算两个日期相隔的天数
        System.out.println(yearOne+"年"+monthOne+"月"+dayOne+"日和"
                        +yearTwo+"年"+monthTwo+"月"+dayTwo+"相隔"+days+"天");
    }
}
```

❻ 实验指导

（1）Calendar 对象设置时间的一个方法是向该方法传递年、月、日。大家要特别注意【代码 2】，整数 0 代表 1 月、1 代表 2 月、…、11 代表 12 月。

（2）日历对象调用 public long getTimeInMillis()可以将时间表示为毫秒，如果运行 Java 程序的本地时区是北京时区，getTimeInMillis()返回的是 1970 年 1 月 1 日 08 点至当前时刻的毫秒数。

❼ 实验后的练习

（1）Calendar 对象可以将时间设置到年、月、日、时、分、秒。请改进上面的程序，使用户输入的两个日期包括时、分、秒。

（2）根据本程序中的一些知识编写一个计算利息（按天计息）的程序。存款的数目和起止时间由用户从键盘输入。

❽ 填写实验报告

实验编号：803　学生姓名：　　实验时间：　　教师签字：

实验效果评价	A	B	C	D	E
模板完成情况					
实验后的练习效果评价	A	B	C	D	E
练习（1）完成情况					
练习（2）完成情况					
总评					

实验 4　处理大整数

❶ 相关知识点

程序有时需要处理大整数，java.math 包中的 BigInteger 类提供了任意精度的整数运算。可以使用构造方法 public BigInteger(String val)构造一个十进制的 BigInteger 对象，该构造方法可以发生 NumberFormatException 异常，也就是说，字符串参数 val 中如果含有非数字字母就会发生 NumberFormatException 异常。

❷ 实验目的

本实验的目的是让学生掌握 BigInteger 类的常用方法。

❸ 实验要求

编写一个 Java 应用程序，计算两个大整数的和、差、积和商，并计算出一个大整数的因子个数（因子中不包括 1 和大整数本身）。

❹ 程序运行效果

程序运行效果如图 8.4 所示。

```
和:11111111111111111111111111110
差:86419753286419753286419753 2
积:1219326313565005315910684315817710693472031691126352 69
商:8
17637的因子有:
  3  9  17  27  51  153  289  459  757  867  2271  2601  6813  7803  12869
17637一共有15个因子
```

图 8.4　处理大整数

❺ 程序模板

请按模板要求将【代码】替换为 Java 程序代码。

HandleBigInteger.java

```
import java.math.*;
class BigIntegerExample
{  public static void main(String args[])
   {   BigInteger n1=new BigInteger("987654321987654321987654321"),
                n2=new BigInteger("123456789123456789123456789"),
                result=null;
       result=【代码 1】//n1 和 n2 做加法运算
       System.out.println("和:"+result.toString());
       result=【代码 2】//n1 和 n2 做减法运算
       System.out.println("差:"+result.toString());
       result=【代码 3】//n1 和 n2 做乘法运算
       System.out.println("积:"+result.toString());
       result=【代码 4】//n1 和 n2 做除法运算
       System.out.println("商:"+result.toString());
       BigInteger m=new BigInteger("1968957"),
               COUNT=new BigInteger("0"),
               ONE=new BigInteger("1"),
               TWO=new BigInteger("2");
       System.out.println(m.toString()+"的因子有:");
       for(BigInteger i=TWO;i.compareTo(m)<0;i=i.add(ONE))
        {  if((n1.remainder(i).compareTo(BigInteger.ZERO))==0)
           {  COUNT=COUNT.add(ONE);
              System.out.print("  "+i.toString());
           }
```

```
        }
        System.out.println("");
        System.out.println(m.toString()+"一共有"+COUNT.toString()+"个因子");
    }
}
```

❻ **实验指导**

（1）只要计算机的内存足够大，就可以处理任意大的整数。

（2）BigInteger 类的 toString()方法返回当前大整数对象的十进制的字符串表示。

❼ **实验后的练习**

（1）编写程序，计算大整数的阶乘。

（2）编写程序，计算 1+2+3…的前 99999999 项的和。

❽ **填写实验报告**

实验编号：804　学生姓名：　　实验时间：　　教师签字：

实验效果评价	A	B	C	D	E
模板完成情况					
实验后的练习效果评价	A	B	C	D	E
练习（1）完成情况					
练习（2）完成情况					
总评					

实验 5　替换错别字

❶ **相关知识点**

可以使用 Pattern 类和 Match 类检索字符串 str 中的子字符串并替换所检索到的子字符串。步骤如下：

（1）使用正则表达式 regex 作为参数创建称为模式的 Pattern 类的实例 pattern。

```
Pattern pattern=Pattern.compile(regex);
```

（2）得到可以检索字符串 str 的 Matcher 类的实例 matcher（称为匹配对象）。

```
Matcher matcher=pattern.matcher(str);
```

（3）替换子字符串。

Matcher 对象 matcher 调用 public String replaceAll(String replacement)方法可以返回一个字符串，该字符串是通过把 str 中与模式 regex 匹配的子字符串全部替换为参数 replacement 指定的字符串得到的（注意 str 本身没有发生变化）。

❷ **实验目的**

本实验的目的是让学生掌握怎样使用 Pattern 类和 Match 类检索字符串。

❸ **实验要求**

在下列字符串中将“登录网站”错写为“登陆网站”，将“惊慌失措”错写为“惊慌失错”：

"忘记密码，不要惊慌失错，请登陆我们的网站，我们有办法"

编写一个 Java 应用程序，输出把错别字替换为正确用字的字符串。

❹ 程序运行效果

程序运行效果如图 8.5 所示。

```
13位置出现:登陆
25位置出现:登陆
将"登陆"替换为"登录"的字符串:
忘记密码，不要惊慌失错，请登录www.yy.cn或登录www.tt.cc
将"惊慌失错"替换为"惊慌失措"的字符串:
忘记密码，不要惊慌失措，请登录www.yy.cn或登录www.tt.cc
```

图 8.5　替换错别字

❺ 程序模板

请按模板要求将【代码】替换为 Java 程序代码。

ReplaceErrorWord.java

```
import java.util.regex.*;
public class ReplaceErrorWord {
   public static void main(String args[]) {
      String str="忘记密码，不要惊慌失错，请登陆 www.yy.cn 或登陆 www.tt.cc";
      Pattern pattern;
      Matcher matcher;
      String regex="登陆";
      pattern=【代码 1】    //使用 regex 初始化模式对象 pattern
      matcher=【代码 2】    //得到检索 str 的匹配对象 matcher
      while(matcher.find()) {
         String s=matcher.group();
         System.out.print(matcher.start()+"位置出现:");
         System.out.println(s);
      }
      System.out.println("将\"登陆\"替换为\"登录\"的字符串:");
      String result=matcher.replaceAll("登录");
      System.out.println(result);
      pattern=Pattern.compile("惊慌失错");
      matcher=pattern.matcher(result);
      System.out.println("将\"惊慌失错\"替换为\"惊慌失措\"的字符串:");
      result=matcher.replaceAll("惊慌失措");
      System.out.println(result);
   }
}
```

❻ 实验指导

（1）matcher 调用 boolean matches()判断 str 是否完全和 regex 匹配。

（2）matcher 调用 boolean find(int start)方法判断 str 从参数 start 指定位置开始是否有和 regex 匹配的子序列。

❼ 实验后的练习

得到由字符串

"清华大学出版社 http://www.tup.com 是著名出版社，尤其在计算机图书方面";

中全部网站组成的字符串（http://www.tup.com）。建议创建模式对象使用的正则表达式是：

```
String regex="[^(http://|www)\56?\\w+\56{1}\\w+\56{1}\\p{Alpha}]";
```

❽ 填写实验报告

实验编号：805　学生姓名：　　实验时间：　　教师签字：

实验效果评价	A	B	C	D	E
模板完成情况					
实验后的练习效果评价	A	B	C	D	E
练习完成情况					
总评					

实验答案

实验 1：

【代码 1】mess.indexOf(":");

【代码 2】mess.indexOf(":",index+1);

【代码 3】mess.indexOf("身高");

【代码 4】mess.indexOf(":",heightPosition);

【代码 5】mess.lastIndexOf(":");

实验 2：

【代码 1】new Scanner(menu);

【代码 2】scanner.useDelimiter(regex);

【代码 3】scanner.nextDouble();

实验 3：

【代码 1】calendar.getInstance();

【代码 2】calendar.set(yearOne,monthOne–1,dayOne);

【代码 3】calendar.getTimeInMillis();

【代码 4】new Date(timeOne);

【代码 5】Math.abs(timeTwo–timeOne)/(1000*60*60*24);

实验 4：

【代码 1】n1.add(n2);

【代码 2】n1.subtract(n2);

【代码 3】n1.multiply(n2);

【代码 4】n1.divide(n2);

实验 5：

【代码 1】pattern.compile(regex);

【代码 2】pattern.matcher(str);

自 测 题

1．下列叙述正确的是（　　）。

A．String 类是 final 类，不可以有子类

B．String 类在 java.lang 包中

C．"abc"=="abc"的值是 false

D．"abc".equals("abc")的值是 true

2．请写出 E 类中 System.out.println 的输出结果。

```
import java.util.*;
class GetToken {
  String s[];
   public String getToken(int index,String str) {
      StringTokenizer fenxi=new StringTokenizer(str);
      int number=fenxi.countTokens();
      s=new String[number+1];
      int k=1;
      while(fenxi.hasMoreTokens()) {
          String temp=fenxi.nextToken();
          s[k]=temp;
          k++;
      }
      if(index<=number)
        return s[index];
      else
        return null;
   }
}
class E {
  public static void main(String args[]) {
      String str="We Love This Game";
      GetToken token=new GetToken();
      String s1=token.getToken(2,str),
           s2=token.getToken(4,str);
       System.out.println(s1+":"+s2);
   }
}
```

3．请写出 E 类中 System.out.println 的输出结果。

```
public class E {
  public static void main(String args[]) {
      byte d[]="abc美丽的向日葵".getBytes();
      System.out.println(d.length);
      String s=new String(d,0,7);
      System.out.println(s);
   }
}
```

4．请写出 E 类中 System.out.println 的输出结果。

```
class MyString {
```

```
  public String getString(String s) {
      StringBuffer str=new StringBuffer();
      for(int i=0;i<s.length();i++) {
          if(i%2==0) {
             char c=s.charAt(i);
             str.append(c);
          }
      }
      return new String(str);
   }
}
public class E {
   public static void main(String args[]) {
      String s="1234567890";
      MyString ms=new MyString();
      System.out.println(ms.getString(s));
   }
}
```

5. 请写出 E 类中 System.out.println 的输出结果。

```
public class E {
  public static void main(String args[]) {
      String regex="\\djava\\w{1,}" ;
      String str1="88javaookk";
      String str2="9javaILoveyou";
      if(str1.matches(regex))
         System.out.println(str1);
      if(str2.matches(regex))
         System.out.println(str2);
   }
}
```

答案:

1. ABD
2. Love:game
3. 15
   abc 美丽
4. 13579
5. 9javaILoveyou

源码下载

上机实践 9　组件及事件处理

实验 1　算术测试

❶ 相关知识点

通过图形用户界面（Graphics User Interface，GUI），用户和程序之间可以方便地进行交互。Java 中包含了许多支持 GUI 设计的类，例如按钮、菜单、列表、文本框等组件类，同时它还包含窗口、面板等容器类。学习组件除了了解组件的属性和功能外，一个更重要的方面是学习怎样处理组件上发生的界面事件。在学习处理事件时必须很好地掌握事件源、监视器、处理事件的接口这 3 个概念。

1）事件源

能够产生事件的对象都可以成为事件源，例如文本框、按钮、下拉式列表等。也就是说，事件源必须是一个对象，而且这个对象必须是 Java 认为能够发生事件的对象。

2）监视器

用户需要一个对象对事件源进行监视，以便对发生的事件进行处理。事件源通过调用相应的方法将某个对象作为自己的监视器。

3）处理事件的接口

监视器负责处理事件源发生的事件。Java 语言使用接口回调技术设计了它的处理事件模式。事件源增加监视的方法 addXXXListener(XXXListener listener)中的参数是一个接口，listener 可以引用任何实现了该接口的类所创建的对象，当事件源发生事件时，接口 listener 立刻回调被类实现的接口中的某个方法。

❷ 实验目的

学习处理 ActionEvent 事件。

❸ 实验要求

编写一个算术测试小软件，用来训练小学生的算术能力。程序由 3 个类组成，其中 Teacher 对象充当监视器，负责给出算术题目，并判断回答者的答案是否正确；ComputerFrame 对象负责为算术题目提供视图，比如用户可以通过 ComputerFrame 对象提供的 GUI 界面看到题目，并通过该 GUI 界面给出题目的答案；MailClass 是软件的主类。

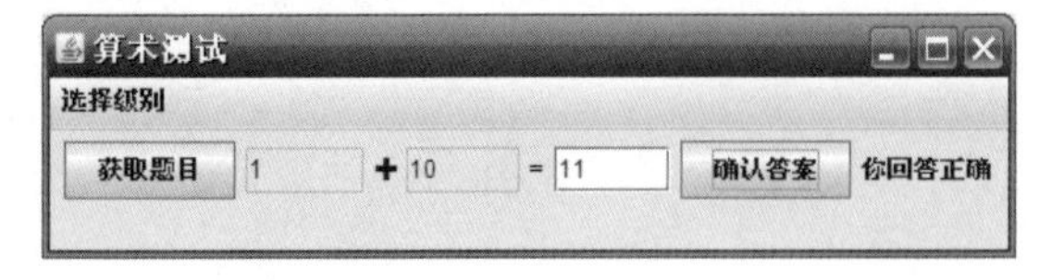

图 9.1　算术测试

❹ 程序运行效果

程序运行效果如图 9.1 所示。

❺ 程序模板

请按模板要求将【代码】替换为 Java 程序代码。

MainClass.java

```
public class MainClass {
```

```
  public static void main(String args[]) {
     ComputerFrame frame;
     frame=new ComputerFrame();
     frame.setTitle("算术测试");
     frame.setBounds(100,100,650,180);
  }
}
```

ComputerFrame.java

```
import java.awt.*;
import java.awt.event.*;
import javax.swing.*;
public class ComputerFrame extends JFrame {
   JMenuBar menubar;
   JMenu choiceGrade; //选择级别的菜单
   JMenuItem grade1,grade2;
   JTextField textOne,textTwo,textResult;
   JButton getProblem,giveAnswer;
   JLabel operatorLabel,message;
   Teacher teacherZhang;
   ComputerFrame() {
      teacherZhang=new Teacher();
      teacherZhang.setMaxInteger(20);
      setLayout(new FlowLayout());
      menubar=new JMenuBar();
      choiceGrade=new JMenu("选择级别");
      grade1=new JMenuItem("幼儿级别");
      grade2=new JMenuItem("儿童级别");
      grade1.addActionListener(new ActionListener() {
                                public void actionPerformed(ActionEvent e) {
                                   teacherZhang.setMaxInteger(10);
                                }
                            });
      grade2.addActionListener(new ActionListener() {
                                public void actionPerformed(ActionEvent e) {
                                   teacherZhang.setMaxInteger(50);
                                }
                            });
      choiceGrade.add(grade1);
      choiceGrade.add(grade2);
      menubar.add(choiceGrade);
      setJMenuBar(menubar);
      【代码 1】//创建 textOne,其可见字符长 5
      textTwo=new JTextField(5);
      textResult=new JTextField(5);
      operatorLabel=new JLabel("+");
      operatorLabel.setFont(new Font("Arial",Font.BOLD,20));
      message=new JLabel("你还没有回答呢");
      getProblem=new JButton("获取题目");
      giveAnswer=new JButton("确认答案");
      add(getProblem);
      add(textOne);
```

```
        add(operatorLabel);
        add(textTwo);
        add(new JLabel("="));
        add(textResult);
        add(giveAnswer);
        add(message);
        textResult.requestFocus();
        textOne.setEditable(false);
        textTwo.setEditable(false);
        getProblem.setActionCommand("getProblem");
        textResult.setActionCommand("answer");
        giveAnswer.setActionCommand("answer");
        teacherZhang.setJTextField(textOne,textTwo,textResult);
        teacherZhang.setJLabel(operatorLabel,message);
        【代码2】//将teacherZhang注册为getProblem的ActionEvent事件监视器
        【代码3】//将teacherZhang注册为giveAnswer的ActionEvent事件监视器
        【代码4】//将teacherZhang注册为textResult的ActionEvent事件监视器
        setVisible(true);
        validate();
        setDefaultCloseOperation(DISPOSE_ON_CLOSE);
    }
}
```

Teacher.java

```
import java.util.Random;
import java.awt.event.*;
import javax.swing.*;
public class Teacher implements ActionListener {
   int numberOne,numberTwo;
   String operator="";
   boolean isRight;
   Random random;    //用于给出随机数
   int maxInteger;   //题目中最大的整数
   JTextField textOne,textTwo,textResult;
   JLabel operatorLabel,message;
   Teacher() {
      random=new Random();
   }
   public void setMaxInteger(int n) {
      maxInteger=n;
   }
   public void actionPerformed(ActionEvent e) {
      String str=e.getActionCommand();
      if(str.equals("getProblem")) {
         numberOne=random.nextInt(maxInteger)+1;   //1至maxInteger的随机数
         numberTwo=random.nextInt(maxInteger)+1;
         double d=Math.random();                   //获取(0,1)区间的随机数
         if(d>=0.5)
            operator="+";
```

```
            else
              operator="-";
            textOne.setText(""+numberOne);
            textTwo.setText(""+numberTwo);
            operatorLabel.setText(operator);
            message.setText("请回答");
            textResult.setText(null);
        }
        else if(str.equals("answer")) {
            String answer=textResult.getText();
            try{  int result=Integer.parseInt(answer);
                  if(operator.equals("+")){
                    if(result==numberOne+numberTwo)
                       message.setText("你回答正确");
                    else
                      message.setText("你回答错误");
                  }
                  else if(operator.equals("-")){
                    if(result==numberOne-numberTwo)
                       message.setText("你回答正确");
                    else
                      message.setText("你回答错误");
                  }
            }
            catch(NumberFormatException ex) {
                  message.setText("请输入数字字符");
            }
        }
    }
    public void setJTextField(JTextField ... t) {
        textOne=t[0];
        textTwo=t[1];
        textResult=t[2];
    }
    public void setJLabel(JLabel ...label) {
        operatorLabel=label[0];
        message=label[1];
    }
}
```

❻ 实验指导

（1）需要将实验中的 3 个 Java 文件保存在同一文件中，分别编译或只编译主类 MainClass，然后运行主类即可。

（2）JButton 对象可触发 ActionEvent 事件。为了能监视到此类型事件，事件源必须使用 addActionListener 方法获得监视器，创建监视器的类必须实现接口 ActionListener。

❼ 实验后的练习

（1）模仿本实验代码再增加“小学生级别”。

（2）给上述程序增加测试乘法的功能。

❽ **填写实验报告**

实验编号：901 学生姓名： 实验时间： 教师签字：

实验效果评价	A	B	C	D	E
模板完成情况					
实验后的练习效果评价	A	B	C	D	E
练习（1）完成情况					
练习（2）完成情况					
总评					

实验 2 布局与日历

❶ **相关知识点**

当把组件添加到容器中时，希望控制组件在容器中的位置，这就需要学习布局设计的知识。常用的布局类有 java.awt 包中的 FlowLayout、BorderLayout、CardLayout、GridLayout 和 java.swing.border 包中的 BoxLayout。

❷ **实验目的**

学习使用布局类。

❸ **实验要求**

编写一个应用程序，有一个窗口，该窗口的布局为 BorderLayout 布局。窗口的中心添加一个 JPanel 容器，其布局是 7 行 7 列的 GriderLayout 布局，用来显示日历。窗口的北面添加一个 JPanel 容器 pNorth，其布局是 FlowLayout 布局。pNorth 中放置两个按钮：nextMonth 和 previousMonth，单击 nextMonth 按钮，可以显示当前月的下一月的日历；单击 previousMonth 按钮，可以显示当前月的上一月的日历。

❹ **运行效果示例**

程序运行效果如图 9.2 所示。

图 9.2 布局与日历

❺ **程序模板**

请按模板要求，将【代码】替换为 Java 程序代码。

GiveCalendar.java

```
import java.time.*;
public class GiveCalendar {
   public LocalDate [] getCalendar(LocalDate date) {
       date = date.withDayOfMonth(1);     //确保 data 日期的 day 是 1，即 day 的值是 1
       int days = date.lengthOfMonth();  //得到该月有几天
       LocalDate dataArrays[] = new LocalDate[days];
       for(int i = 0;i<days;i++){
           dataArrays[i] = date.plusDays(i);
       }
       return dataArrays;
   }
}
```

CalendarPanel.java

```
import java.awt.*;
```

```
import javax.swing.*;
import java.time.*;
public class CalendarPanel extends JPanel {
     GiveCalendar calendar;
     LocalDate [] dataArrays;
     public LocalDate currentDate;
     String name[]={"日","一","二","三", "四","五","六"};
     public CalendarPanel() {
        calendar = new GiveCalendar();
        currentDate = LocalDate.now();
        dataArrays = calendar.getCalendar(currentDate);
        showCalendar(dataArrays);
     }
     public void showCalendar(LocalDate [] dataArrays) {
        removeAll();
        GridLayout grid = new GridLayout(7,7);
        【代码 1】//将当前容器的布局设置为 grid
        JLabel[] titleWeek = new JLabel[7];
        JLabel[] showDay = new JLabel[42];
        for(int i=0;i<7;i++){
           titleWeek[i] = new JLabel(name[i],JLabel.CENTER);
           【代码 2】//将组件 titleWeek[i]添加到当前容器中
        }
        for(int i=0;i<42;i++){
            showDay[i] = new JLabel("",JLabel.CENTER);
        }
        for(int k=7,i=0;k<49;k++,i++){
           add(showDay[i]);
        }
        int space = printSpace(dataArrays[0].getDayOfWeek());
        for(int i=0,j=space+i;i<dataArrays.length;i++,j++){
            showDay[j].setText(""+dataArrays[i].getDayOfMonth());
        }
        repaint();
     }
     public void setNext(){
        currentDate = currentDate.plusMonths(1);
        dataArrays = calendar.getCalendar(currentDate);
        showCalendar(dataArrays);
     }
     public void setPrevious(){
        currentDate = currentDate.plusMonths(-1);
        dataArrays = calendar.getCalendar(currentDate);
        showCalendar(dataArrays);
     }
     public  int printSpace(DayOfWeek x)  {
        int n = 0;
      switch(x)  {
          case SUNDAY:  n=0;
                        break;
          case MONDAY:  n=1;
                        break;
```

```
            case TUESDAY: n=2;
                          break;
            case WEDNESDAY:n=3;
                          break;
            case THURSDAY: n=4;
                          break;
            case FRIDAY: n=5;
                          break;
            case SATURDAY: n=6;
                          break;
        }
        return n;
    }
}
```

// ShowCalendar.java

```
import javax.swing.*;
import java.awt.event.*;
public class ShowCalendar extends JFrame {
   CalendarPanel showCalendar;
   JButton nextMonth;
   JButton previousMonth;
   JLabel showYear,showMonth;
   public ShowCalendar() {
      showCalendar = new CalendarPanel();
      add(showCalendar);
      nextMonth = new JButton("下一个月");
      previousMonth = new JButton("上一个月");
      showYear = new JLabel();
      showMonth = new JLabel();
      JPanel pNorth = new JPanel();
      showYear.setText(""+showCalendar.currentDate.getYear()+"年");
      showMonth.setText(""+showCalendar.currentDate.getMonthValue()+"月");
      pNorth.add(showYear);
      pNorth.add(previousMonth);
      pNorth.add(nextMonth);
      pNorth.add(showMonth);
      【代码3】//将pNorth添加到窗口的NORTH区域中
      nextMonth.addActionListener((e)->{
         showCalendar.setNext();
         showYear.setText(""+showCalendar.currentDate.getYear()+"年");
         showMonth.setText(""+showCalendar.currentDate.getMonthValue()+"月");
      });
      previousMonth.addActionListener((e)->{
         showCalendar.setPrevious();
         showYear.setText(""+showCalendar.currentDate.getYear()+"年");
         showMonth.setText(""+showCalendar.currentDate.getMonthValue()+"月");
      });
      setSize(290,260);
      setVisible(true);
      setDefaultCloseOperation(JFrame.DISPOSE_ON_CLOSE);
   }
```

```
    public static void main(String args[]){
      new ShowCalendar();
    }
}
```

❻ 实验指导

（1）BorderLayout 是一种简单的布局策略，如果一个容器使用这种布局，那么容器空间简单地划分为东、西、南、北、中五个区域，中间的区域最大。每加入一个组件都应该指明把这个组件添加在哪个区域中，区域由 BorderLayout 中的静态常量 CENTER、NORTH、SOUTH、WEST、EAST 表示。

（2）GridLayout 是使用较多的布局编辑器，其基本布局策略是把容器划分成若干行乘若干列的网格区域，组件就位于这些划分出来的小格中。GridLayout 比较灵活，划分多少网格由程序自由控制，而且组件定位也比较精确。

❼ 实验后的练习

在 ShowCalendar 窗口的 SOUTH 区域显示日历上的年份和月份。

❽ 填写实验报告

实验编号：902　学生姓名：　　实验时间：　　教师签字：

实验效果评价	A	B	C	D	E
模板完成情况					
实验后的练习效果评价	A	B	C	D	E
练习完成情况					
总评					

实验 3　英语单词拼写训练

❶ 相关知识点

当某个组件处于激活状态时，如果用户按键盘上的一个键就会导致这个组件触发 KeyEvent 事件。使用 KeyListener 接口处理键盘事件。组件可以触发焦点事件。当组件具有焦点监视器后，如果组件从无输入焦点变成有输入焦点或从有输入焦点变成无输入焦点都会触发 FocusEvent 事件。使用 FocusListener 接口处理焦点事件。

❷ 实验目的

学习焦点事件和键盘事件。

❸ 实验要求

编写一个应用程序，要求如下：

（1）窗口中有一个 TextField 对象和一个按钮对象，将这两个对象添加到一个面板中，然后将该面板添加到窗口的上面。

（2）用户在 TextField 对象中输入一个英文单词，然后按 Enter 键或单击“确定”按钮，程序将创建若干个不可编辑的文本框，每个文本框随机显示英文单词中的一个字母。要求将这些文本框按一行添加到一个面板中，然后将该面板添加到窗口的中心。

（3）用户用鼠标单击一个文本框后，通过按键盘上的“→”和“←”键交换相邻文本框中的字母，使得这些文本框中字母的排列顺序和英文单词中字母的顺序相同。

❹ **程序运行效果**

程序运行效果如图 9.3 所示。

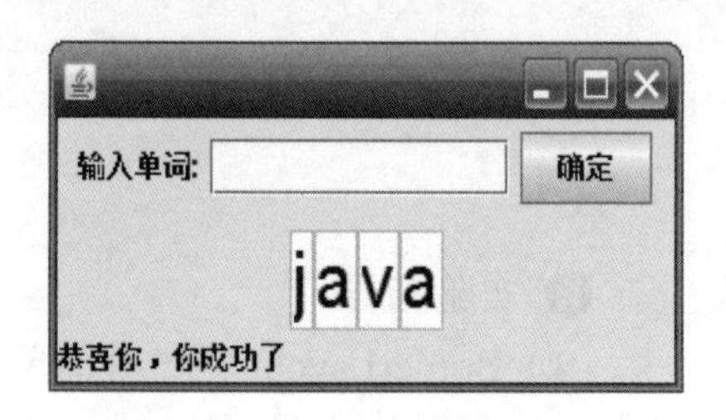

图 9.3　英语单词拼写训练

❺ **程序模板**

请按模板要求将【代码】替换为 Java 程序代码。

WordMainClass.java

```
public class WordMainClass {
   public static void main(String args[]) {
      new SpellingWordFrame();
   }
}
```

RondomString.java

```
public class RondomString { //负责随机排列单词中的字母
   String str="";
   public String getRondomString(String s) {
      StringBuffer strBuffer=new StringBuffer(s);
      int m=strBuffer.length();
      for(int k=0;k<m;k++) {
        int index=(int)(Math.random()*strBuffer.length());
                                        //Math.random()返回(0,1)区间的随机数
        char c=strBuffer.charAt(index);
        str=str+c;
        strBuffer=strBuffer.deleteCharAt(index);
     }
     return str;
   }
}
```

LetterLabel.java

```
import java.awt.*;
import java.awt.event.*;
import javax.swing.*;
public class LetterLabel extends JTextField implements FocusListener {
   LetterLabel() {
      setEditable(false);
      【代码 1】 //将当前对象注册为自身的焦点监视器
      setBackground(Color.white);
      setFont(new Font("Arial",Font.PLAIN,30));
   }
   public static  LetterLabel[] getLetterLabel(int n) {
      LetterLabel a[]=new LetterLabel[n];
      for(int k=0;k<a.length;k++)
         a[k]=new LetterLabel();
      return a;
   }
   public void focusGained(FocusEvent e) {
      setBackground(Color.cyan);
   }
   public void focusLost(FocusEvent e) {
```

```
      setBackground(Color.white);
   }
   public void setText(char c) {
      setText(""+c);
   }
}
```

SpellingWordFrame.java

```
import java.awt.*;
import java.awt.event.*;
import javax.swing.*;
public class SpellingWordFrame extends JFrame implements KeyListener,
ActionListener {
   JTextField inputWord;
   JButton button;
   LetterLabel label[];
   JPanel northP,centerP;
   Box wordBox;
   String hintMessage="用鼠标单击字母,按左右箭头交换字母,将其排列成所输入的单词";
   JLabel messageLabel=new JLabel(hintMessage);
   String word="";
   SpellingWordFrame() {
      inputWord=new JTextField(12);
      button=new JButton("确定");
      button.addActionListener(this);
      inputWord.addActionListener(this);
      northP=new JPanel();
      northP.add(new JLabel("输入单词:"));
      northP.add(inputWord);
      northP.add(button);
      centerP=new JPanel();
      wordBox=Box.createHorizontalBox();
      centerP.add(wordBox);
      add(northP,BorderLayout.NORTH);
      add(centerP,BorderLayout.CENTER);
      add(messageLabel,BorderLayout.SOUTH);
      setBounds(100,100,350,180);
      setVisible(true);
      validate();
      setDefaultCloseOperation(DISPOSE_ON_CLOSE);
  }
  public void actionPerformed(ActionEvent e) {
     word=inputWord.getText();
     int n=word.length();
     RondomString rondom=new RondomString();
     String randomWord=rondom.getRondomString(word);
     wordBox.removeAll();
     messageLabel.setText(hintMessage);
     if(n>0) {
        label=LetterLabel.getLetterLabel(n);
        for(int k=0;k<label.length;k++) {
           label[k].setText(""+randomWord.charAt(k));
```

```
            wordBox.add(label[k]);
            【代码 2】 //将当前窗口注册为 label[k]的键盘监视器
         }
        validate();
        inputWord.setText(null);
        label[0].requestFocus();
      }
   }
   public void keyPressed(KeyEvent e) {
      LetterLabel sourceLabel=(LetterLabel)e.getSource();
      int index=-1;
      if(e.getKeyCode()==KeyEvent.VK_LEFT) {
         for(int k=0;k<label.length;k++) {
            if(label[k]==sourceLabel) {
               index=k;
               break;
            }
         }
         if(index!=0) { //交换文本框中的字母
            String temp=label[index].getText();
            label[index].setText(label[index-1].getText());
            label[index-1].setText(temp);
            label[index-1].requestFocus();
         }
      }
      else if(【代码 3】) {   //判断按下的是否为 "→" 键
         for(int k=0;k<label.length;k++) {
            if(label[k]==sourceLabel) {
               index=k;
               break;
            }
         }
         if(index!=label.length-1) {
           String temp=label[index].getText();
           label[index].setText(label[index+1].getText());
           label[index+1].setText(temp);
           label[index+1].requestFocus();
         }
      }
      validate();
   }
   public void keyTyped(KeyEvent e){}
   public void keyReleased(KeyEvent e) {
      String success="";
      for(int k=0;k<label.length;k++) {
          String str=label[k].getText();
          success=success+str;
      }
      if(success.equals(word)) {
         messageLabel.setText("恭喜你,你成功了");
         for(int k=0;k<label.length;k++) {
             label[k].removeKeyListener(this);
```

```
            label[k].removeFocusListener(label[k]);
            label[k].setBackground(Color.white);
        }
        inputWord.requestFocus();
      }
   }
}
```

❻ **实验指导**

（1）用 KeyEvent 类的 public int getKeyCode()方法可以判断哪个键被按下、敲击或释放，getKeyCode()方法返回一个键码值。

（2）用 KeyEvent 类的 public char getKeyChar()方法判断哪个键被按下、敲击或释放，用 getKeyChar()方法返回键上的字符。

❼ **实验后的练习**

增加记录用户移动字母次数的功能，即当用户拼写成功后，messageLabel 标签显示的信息中包含用户移动字母的次数。

❽ **填写实验报告**

实验编号：903　学生姓名：　　实验时间：　　教师签字：

实验效果评价	A	B	C	D	E
模板完成情况					
实验后的练习效果评价	A	B	C	D	E
练习完成情况					
总评					

实验 4　字体对话框

❶ **相关知识点**

创建对话框与创建窗口类似，通过建立 JDialog 的子类来建立一个对话框类，然后创建这个类的一个实例，即这个子类创建的一个对象就是一个对话框。对话框分为无模式和有模式两种。如果一个对话框是有模式对话框，那么当这个对话框处于激活状态时，只让程序响应对话框内部的事件，程序不能再激活它所依赖的窗口或组件，而且它将堵塞其他线程的执行，直到该对话框消失不见。当无模式对话框处于激活状态时，程序仍能激活它所依赖的窗口或组件，它也不堵塞线程的执行。

❷ **实验目的**

学习使用对话框。

❸ **实验要求**

编写一个 FontFamily 类，该类对象可以获取当前机器可用的全部字体名称。

编写一个 JDialog 的子类 FontDialog，该类为 FontFamily 对象维护的数据提供视图，要求 FontDialog 对象使用下拉列表显示 FontFamily 对象维护的全部字体的名称，当选择下拉列表中的某个字体名称后，FontDialog 对象使用标签显示该字体的效果。要求对话框提供返回下拉列表中所选择的字体名称的方法。

编写一个窗口，该窗口中有“设置字体”按钮和一个文本区对象，当单击该按钮时弹出一个 FontDialog 创建的对话框，然后根据用户在对话框下拉列表中选择的字体来显示文本区中的文本。

❹ 程序运行效果

程序运行效果如图 9.4 所示。

图 9.4　字体对话框

❺ 程序模板

请按模板要求将【代码】替换为 Java 程序代码。

FontDialogMainClass.java

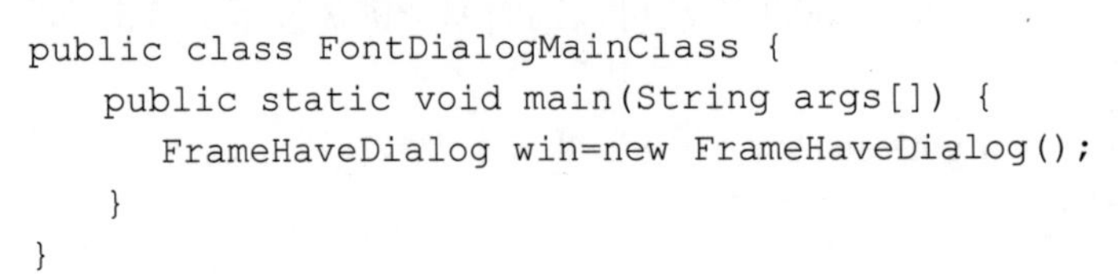

```
public class FontDialogMainClass {
   public static void main(String args[]) {
      FrameHaveDialog win=new FrameHaveDialog();
   }
}
```

FontFamilyNames.java

```
import java.awt.GraphicsEnvironment;
public class FontFamilyNames {
    String allFontNames[];
    public String[] getFontName() {
      GraphicsEnvironment ge=GraphicsEnvironment.getLocalGraphics-
      Environment();
      allFontNames=ge.getAvailableFontFamilyNames();
      return allFontNames;
    }
}
```

FontDialog.java

```
import java.awt.event.*;
import java.awt.*;
import javax.swing.*;
public class FontDialog extends JDialog implements ItemListener,
ActionListener {
   FontFamilyNames fontFamilyNames;
   int fontSize=38;
   String fontName;
   JComboBox fontNameList,fontSizeList;
   JLabel label;
   Font font;
   JButton yes,cancel;
   static int YES=1,NO=0;
   int state=-1;
   FontDialog(JFrame f) {
      super(f);
      setTitle("字体对话框");
      font=new Font("宋体",Font.PLAIN,12);
      fontFamilyNames=new FontFamilyNames();
      【代码 1】 //当前对话框调用 setModal(boolean b)设置为有模式
      yes=new JButton("Yes");
      cancel=new JButton("cancel");
```

```
      yes.addActionListener(this);
      cancel.addActionListener(this);
      label=new JLabel("hello,奥运",JLabel.CENTER);
      fontNameList=new JComboBox();
      fontSizeList=new JComboBox();
      String name[]=fontFamilyNames.getFontName();
      fontNameList.addItem("字体");
      for(int k=0;k<name.length;k++)
         fontNameList.addItem(name[k]);
      fontSizeList.addItem("大小");
      for(int k=8;k<72;k=k+2)
         fontSizeList.addItem(new Integer(k));
      fontNameList.addItemListener(this);
      fontSizeList.addItemListener(this);
      JPanel pNorth=new JPanel();
      pNorth.add(fontNameList);
      pNorth.add(fontSizeList);
      add(pNorth,BorderLayout.NORTH);
      add(label,BorderLayout.CENTER);
      JPanel pSouth=new JPanel();
      pSouth.add(yes);
      pSouth.add(cancel);
      add(pSouth,BorderLayout.SOUTH);
      setBounds(100,100,280,170);
      setDefaultCloseOperation(DISPOSE_ON_CLOSE);
      validate();
   }
   public void itemStateChanged(ItemEvent e) {
      if(e.getSource()==fontNameList) {
         fontName=(String)fontNameList.getSelectedItem();
         font=new Font(fontName,Font.PLAIN,fontSize);
      }
      else if(e.getSource()==fontSizeList) {
         Integer m=(Integer)fontSizeList.getSelectedItem();
         fontSize=m.intValue();
         font=new Font(fontName,Font.PLAIN,fontSize);
      }
      label.setFont(font);
      label.repaint();
      validate();
   }
   public void actionPerformed(ActionEvent e) {
      if(e.getSource()==yes) {
          state=YES;
          【代码 2】          //对话框设置为不可见
      }
      else if(e.getSource()==cancel) {
         state=NO;
         【代码 3】          //对话框设置为不可见
      }
   }
   public int getState() {
```

```
      return state;
   }
   public Font getFont() {
      return font;
   }
}
```

FrameHaveDialog.java

```
import java.awt.event.*;
import java.awt.*;
import javax.swing.*;
public class FrameHaveDialog extends JFrame implements ActionListener {
   JTextArea text;
   JButton buttonFont;
   FrameHaveDialog() {
      buttonFont=new JButton("设置字体");
      text=new JTextArea("Java 2 实用教程（第 6 版）");
      buttonFont.addActionListener(this);
      add(buttonFont,BorderLayout.NORTH);
      add(text);
      setBounds(60,60,300,300);
      setVisible(true);
      validate();
      setDefaultCloseOperation(DISPOSE_ON_CLOSE);
   }
   public void actionPerformed(ActionEvent e) {
      if(e.getSource()==buttonFont) {
         FontDialog dialog=new FontDialog(this);
          dialog.setVisible(true);
          if(dialog.getState()==FontDialog.YES) {
             text.setFont(dialog.getFont());
             text.repaint();
          }
          if(dialog.getState()==FontDialog.NO) {
             text.repaint();
          }
      }
   }
}
```

❻ 实验指导

（1）对话框分为无模式和有模式两种。如果一个对话框是有模式对话框，那么当这个对话框处于激活状态时，只让程序响应对话框内部的事件，程序不能再激活它所依赖的窗口或组件，而且它将堵塞当前线程的执行，直到该对话框消失不可见。

（2）可以将任何对象作为 JComboBox 下拉列表的选项。

❼ 实验后的练习

给上述实验中的对话框增加设置字体的字形（常规 LPAIN，加重 BOLD，斜体 ITALIC）的功能。可以对 Font 类的 static 常量 LPAIN、BOLD、ITALIC 进行有效的运算，例如 Font.BOLD+Font.ITALIC 就是加重的斜体字形。

❽ 填写实验报告

实验编号：904　学生姓名：　　　实验时间：　　　教师签字：

实验效果评价	A	B	C	D	E
模板完成情况					
实验后的练习效果评价	A	B	C	D	E
练习完成情况					
总评					

实验答案

实验 1：

【代码 1】textOne=new JTextField(5);

【代码 2】getProblem.addActionListener(teacherZhang);

【代码 3】giveAnswer.addActionListener(teacherZhang);

【代码 4】textResult.addActionListener(teacherZhang);

实验 2：

【代码 1】：setLayout(grid)

【代码 2】：add(titleWeek[i]);

【代码 3】：add(pNorth,java.awt.BorderLayout.NORTH);

实验 3：

【代码 1】addFocusListener(this);

【代码 2】label[k].addKeyListener(this);

【代码 3】e.getKeyCode()==KeyEvent.VK_RIGHT

实验 4：

【代码 1】setModal(true);

【代码 2】setVisible(false);

【代码 3】setVisible(false);

自 测 题

1．下列叙述错误的是（　　）。

A．JFame 对象的默认布局是 BorderLayout 布局

B．JPanel 对象的默认布局是 FlowLayout 布局

C．JButton 对象可以触发 ActionEvent 事件

D．JTextField 对象可以触发 ItemEvent 事件

2．下列类中，（　　）创建的对象可以触发 ActionEvent 事件。

A．javax.swing.JButton

B．javax.swing.JLabel

C．java.util.Date

D．java.lang.StringBuffer

3. 在下列 E 类的 text 中输入 apple 并按 Enter 键，System.out.println 的输出结果是什么？

```
import java.awt.*;
import java.awt.event.*;
public class E extends javax.swing.JFrame
{  javax.swing.JTextField text;
   E() {
      text=new javax.swing.JTextField(12);
      text.setActionCommand("你好 Java");
      text.addActionListener(new ActionListener() {
                                public void actionPerformed(ActionEvent e) {
                                  System.out.println(text.getText());
                                  System.out.println(e.getActionCommand());
                                }
                             });
      add(text,BorderLayout.NORTH);
      setBounds(120,125,250,150);
      setVisible(true);
   }
   public static void main(String s[]) {
      new E();
   }
}
```

答案：

1．D

2．A

3．apple

你好 Java

上机实践 10　输入和输出流

源码下载

实验 1　分析成绩单

❶ 相关知识点

FileReader 类是 Reader 的子类，该类创建的对象称为文件字符输入流。文件字符输入流按字符读取文件中的数据。FileReader 流顺序地读取文件，只要不关闭流，每次调用读取方法时就顺序地读取文件中其余的内容，直到文件的末尾或流被关闭。

FileWriter 类是 Writer 的子类，该类创建的对象称为文件字符输出流。字符输出流按字符将数据写入文件中。FileWriter 流顺序地写文件，只要不关闭流，每次调用写入方法就顺序地向文件写入内容，直到流被关闭。

BufferedReader 类创建的对象称为缓冲输入流，该输入流的指向必须是一个 Reader 流，称作 BufferedReader 流的底层流，底层流负责将数据读入缓冲区，BufferedReader 流的源就是这个缓冲区，缓冲输入流再从缓冲区中读取数据。

BufferedWriter 类创建的对象称为缓冲输出流，可以将 BufferedWriter 流和 FileWriter 流连接在一起，然后使用 BufferedWriter 流将数据写到目的地，FileWriter 流称作 BufferedWriter 的底层流，BufferedWriter 流将数据写入缓冲区，底层流负责将数据写到最终的目的地。

❷ 实验目的

掌握字符输入和输出流的用法。

❸ 实验要求

现有如下格式的成绩单（文本格式）score.txt：

```
姓名:张三，数学 72 分，物理 67 分，英语 70 分.
姓名:李四，数学 92 分，物理 98 分，英语 88 分.
姓名:周五，数学 68 分，物理 80 分，英语 77 分.
```

要求按行读取成绩单，并在该行的后面加上该同学的总成绩，然后将该行写入一个名字为 scoreAnalysis.txt 的文件中。

❹ 程序运行效果

程序运行效果如图 10.1 所示。

```
姓名:张三，数学72分，物理67分，英语70分. 总分:209.0
姓名:李四，数学92分，物理98分，英语88分. 总分:278.0
姓名:周五，数学68分，物理80分，英语77分. 总分:225.0
```

图 10.1　分析成绩单

❺ 程序模板

请按模板要求将【代码】替换为 Java 程序代码。

AnalysisResult.java

```
import java.io.*;
import java.util.*;
public class AnalysisResult {
  public static void main(String args[]) {
```

```
        File fRead=new File("score.txt");
        File fWrite=new File("scoreAnalysis.txt");
        try{ Writer out=【代码1】        //以尾加方式创建指向文件fWrite的out流
             BufferedWriter bufferWrite=【代码2】  //创建指向out的bufferWrite流
             Reader in=【代码3】        //创建指向文件fRead的in流
             BufferedReader bufferRead=【代码4】  //创建指向in的bufferRead流
             String str=null;
             while((str=bufferRead.readLine())!=null) {
                double totalScore=Fenxi.getTotalScore(str);
                str=str+" 总分:"+totalScore;
                System.out.println(str);
                bufferWrite.write(str);
                bufferWrite.newLine();
             }
             bufferRead.close();
             bufferWrite.close();
        }
        catch(IOException e) {
            System.out.println(e.toString());
        }
    }
}
```

Fenxi.java

```
import java.util.*;
public class Fenxi {
   public static double getTotalScore(String s) {
      Scanner scanner=new Scanner(s);
      scanner.useDelimiter("[^0123456789.]+");
      double totalScore=0;
      while(scanner.hasNext()){
         try{ double score=scanner.nextDouble();
              totalScore=totalScore+score;
         }
         catch(InputMismatchException exp){
              String t=scanner.next();
         }
      }
      return totalScore;
   }
}
```

❻ 实验指导

（1）BufferedReader对象调用readLine()方法可读取文件的一行。

（2）BufferedWriter对象调用newLine()方法可向文件写入回行。

❼ 实验后的练习

（1）改进程序，使得能统计出每个学生的平均成绩。

（2）现有如下格式的货物明细（文本格式）goods.txt：

```
品名:电视, length:102 cm, width:89 cm, height:56 cm.
品名:轿车, length:450 cm, width:178 cm, height:156 cm.
```

```
品名:桌子, length:125 cm, width:78 cm, height:68 cm.
```

编写程序，按行读入货品明细，并在该行的后面加上该货品的体积，然后将该行写入一个名字为 goodsVolume.txt 的文件中。

❽ 填写实验报告

实验编号：1001　学生姓名：　　实验时间：　　教师签字：

实验效果评价	A	B	C	D	E
模板完成情况					
实验后的练习效果评价	A	B	C	D	E
练习（1）完成情况					
练习（2）完成情况					
总评					

实验 2　统计英文单词

❶ 相关知识点

可以使用 Scanner 类和正则表达式来解析文件，比如解析出文件中的特殊单词、数字等信息。使用 Scanner 类和正则表达式来解析文件的特点是以时间换取空间，即解析的速度相对较慢，但节省内存。例如，解析 hello.txt 文件的步骤如下。

（1）创建文件：

```
File file=new File("hello.java");
```

（2）创建指向文件的 Scanner 对象：

```
Scanner sc=new Scanner(file);
```

（3）Scanner 对象设置分隔标记：

```
sc.useDelimiter(正则表达式);
```

Scanner 对象将正则表达式作为分隔标记来解析文件。

❷ 实验目的

掌握使用 Scanner 类解析文件。

❸ 实验要求

使用 Scanner 类和正则表达式统计一篇英文中的单词，要求如下：

（1）统计一共出现了多少个单词。

（2）统计有多少个互不相同的单词。

（3）按单词出现频率的大小输出单词。

❹ 程序运行效果

程序运行效果如图 10.2 所示。

```
共有12个英文单词
有5个互不相同英文单词
按出现频率排列:
are:0.333  students:0.333  We:0.167  you:0.083  goods:0.083
```

图 10.2　统计英文单词

❺ 程序模板

请按模板要求将【代码】替换为 Java 程序代码。

WordStatistic.java

```
import java.io.*;
```

```
import java.util.*;
public class WordStatistic {
   Vector<String> allWord,noSameWord;
   File file=new File("english.txt");
   Scanner sc=null;
   String regex;
   WordStatistic() {
      allWord=new Vector<String>();
      noSameWord=new Vector<String>();
      /*regex是由空格、数字和符号(!、"、#、$、%、&、'、(、)、*、+、,、-、.、/、:、;、
      <、=、>、?、@、[、\、]、^、_、`、{、|、}、~)组成的正则表达式*/
      regex= "[\\s\\d\\p{Punct}]+";
      try{  sc=【代码1】  //创建指向file的sc
         【代码2】  //sc调用useDelimiter(String regex)方法,向参数传递regex
      }
      catch(IOException exp) {
         System.out.println(exp.toString());
      }
   }
   void setFileName(String name) {
      file=new File(name);
      try{  sc=new Scanner(file);
          sc.useDelimiter(regex);
      }
      catch(IOException exp) {
          System.out.println(exp.toString());
      }
   }
   public void wordStatistic() {
      try{   while(sc.hasNext()){
               String word=sc.next();
               allWord.add(word);
               if(!noSameWord.contains(word))
                  noSameWord.add(word);
            }
      }
      catch(Exception e){}
   }
  public Vector<String> getAllWord() {
      return allWord;
  }
  public Vector<String> getNoSameWord() {
     return noSameWord;
  }
}
```

OutputWordMess.java

```
import java.util.*;
public class OutputWordMess{
   public static void main(String args[]) {
      Vector<String> allWord,noSameWord;
      WordStatistic statistic=new WordStatistic();
```

```
        statistic.setFileName("hello.txt");
        【代码 3】 //statistic 调用 WordStatistic()方法
        allWord=statistic.getAllWord();
        noSameWord=statistic.getNoSameWord();
        System.out.println("共有"+allWord.size()+"个英文单词");
        System.out.println("有"+noSameWord.size()+"个互不相同英文单词");
        System.out.println("按出现频率排列:");
        int count[]=new int[noSameWord.size()];
        for(int i=0;i<noSameWord.size();i++) {
             String s1=noSameWord.elementAt(i);
               for(int j=0;j<allWord.size();j++) {
                  String s2=allWord.elementAt(j);
                  if(s1.equals(s2))
                      count[i]++;
               }
        }
        for(int m=0;m<noSameWord.size();m++) {
            for(int n=m+1;n<noSameWord.size();n++) {
               if(count[n]>count[m]) {
                  String temp=noSameWord.elementAt(m);
                   noSameWord.setElementAt(noSameWord.elementAt(n),m);
                   noSameWord.setElementAt(temp,n);
                   int t=count[m];
                   count[m]=count[n];
                   count[n]=t;
               }
            }
        }
        for(int m=0;m<noSameWord.size();m++) {
           double frequency=(1.0*count[m])/allWord.size();
           System.out.printf("%s:%-7.3f",noSameWord.elementAt(m),frequency);
        }
    }
}
```

❻ 实验指导

（1）java.util 包中的 Vector 类负责创建一个向量对象。如果用户已经学会使用数组，那么很容易就会使用向量。在创建一个向量时不用像数组那样必须给出数组的大小。创建向量后，例如“Vector<String> a=new Vector<String>();”，a 可以使用 add(String o)把 String 对象添加到向量的末尾，向量的大小会自动增加。向量 a 可以使用 elementAt(int index)获取指定索引处的向量的元素（索引初始位置是 0）。a 可以使用 size()获取向量所含有的元素的个数。

（2）如果 Scanner 对象不使用 useDelimiter 设置正则表达式作为分隔标记，那么 Scanner 对象使用空格作为分隔标记。

❼ 实验后的练习

按字典顺序输出全部不相同的单词。

❽ **填写实验报告**

实验编号：1002　学生姓名：　　实验时间：　　教师签字：

实验效果评价	A	B	C	D	E
模板完成情况					
实验后的练习效果评价	A	B	C	D	E
练习完成情况					
总评					

实验 3　读取压缩文件

❶ **相关知识点**

ZIP 文件是一种流行的档案文件，可以将若干个文件压缩到一个 ZIP 文件中。

使用 ZipInputStream 类创建的输入流对象可以读取压缩到 ZIP 文件中的各个文件(解压)。假设要解压一个名字为 book.zip 的文件，首先使用 ZipInputStream 的构造方法 public ZipInputStream(InputStream in)创建一个对象 in，例如：

```
ZipInputStream in=new ZipInputStream(new FileInputStream("book.zip"));
```

然后让 ZipInputStream 对象 in 找到 book.zip 中的下一个文件，例如：

```
ZipEntry zipEntry=in.getNextEntry();
```

那么 in 调用 read()方法可以读取找到的文件（解压缩）。

❷ **实验目的**

掌握 ZipInputStream 流的使用。

❸ **实验要求**

读取 book.zip，并将 book.zip 中含有的文件重新存放到当前目录的 mybook 文件夹中，即将 book.zip 的内容解压到 mybook 文件夹中。

❹ **程序运行效果**

程序运行效果如图 10.3 所示。

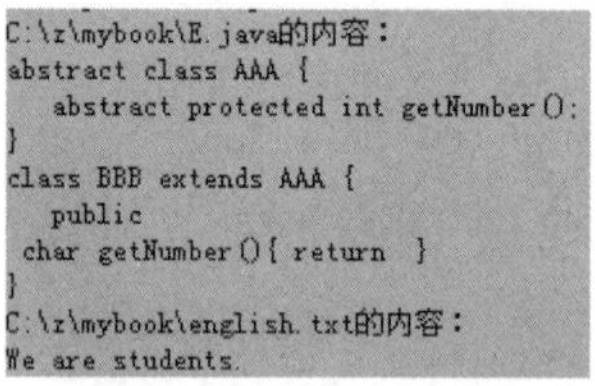

```
C:\z\mybook\E.java的内容：
abstract class AAA {
   abstract protected int getNumber();
}
class BBB extends AAA {
   public
 char getNumber(){ return  }
}
C:\z\mybook\english.txt的内容：
We are students.
```

图 10.3　读取 ZIP 文件

❺ **程序模板**

请上机调试下列模板。

ReadZipFile.java

```
import java.io.*;
import java.util.zip.*;
public class ReadZipFile {
    public static void main(String args[]) {
      File f=new File("book.zip");
      File dir=new File("mybook");
      byte b[]=new byte[100];
      dir.mkdir();
      try{ ZipInputStream in=new ZipInputStream(new FileInputStream(f));
          ZipEntry zipEntry=null;
          while((zipEntry=in.getNextEntry())!=null) {
```

```
                File file=new File(dir,zipEntry.getName());
                FileOutputStream out=new FileOutputStream(file);
                int n=-1;
                System.out.println(file.getAbsolutePath()+"的内容: ");
                while((n=in.read(b,0,100))!=-1) {
                  String str=new String(b,0,n);
                  System.out.println(str);
                  out.write(b,0,n);
                }
                out.close();
            }
            in.close();
        }
        catch(IOException ee) {
           System.out.println(ee);
        }
    }
}
```

❻ 实验指导

（1）ZipInputStream 流必须指向一个字节流的子类的实例。

（2）在使用 ZipInputStream 流读取压缩文件之前，ZipInputStream 流要先用 getNextEntry() 方法找到压缩文件中的下一个压缩内容，然后开始解压该内容。

❼ 实验后的练习

编写一个 GUI 程序，提供一个对话框，用户可以使用这个对话框选择要解压缩的 ZIP 文件，设置解压后所得到的文件的存放目录。

❽ 填写实验报告

实验编号：1003　学生姓名：　　实验时间：　　教师签字：

实验效果评价	A	B	C	D	E
模板完成情况					
实验后的练习效果评价	A	B	C	D	E
练习完成情况					
总评					

实验答案

实验 1：

【代码 1】new FileWriter(fWrite,true);

【代码 2】new BufferedWriter(out);

【代码 3】new FileReader(fRead);

【代码 4】new BufferedReader(in);

实验 2：

【代码 1】new Scanner(file);

【代码 2】sc.useDelimiter(regex);

【代码 3】statistic.wordStatistic();

自 测 题

1．对于字节数组 byte b[]=new byte[20]和 FileInputStream 对象 in，in.read(b)返回的值一定是 20 吗？

2．BufferReader 流能直接指向 File 对象吗？

3．RandomAccessFile 是 InputStream 的子类吗？

4．在下列 E 类中，System.out.println 的输出结果是什么？

```
import java.io.*;
public class E {
   public static void main(String args[]) {
      try{  FileOutputStream out=new FileOutputStream("hello.txt");
            FileInputStream in=new FileInputStream("hello.txt");
            byte content[]="ABCDEFG".getBytes();
            StringBuffer bufferOne=new StringBuffer(),bufferTwo=new
            StringBuffer();
            int m=-1;
            byte tom[]=new byte[3];
            out.write(content);
            out.close();
            while((m=in.read(tom,0,3))!=-1)
              {  String s1=new String(tom,0,m);
                 bufferOne.append(s1);
                 String s2=new String(tom,0,3);
                 bufferTwo.append(s2);
              }
             in.close();
             System.out.println(bufferOne);
             System.out.println(bufferTwo);
         }
         catch(IOException e){}
    }
}
```

5．在下列 E 类中，System.out.println 的输出结果是什么？

```
import java.io.*;
public class E {
  public static void main(String args[]) {
       RandomAccessFile in_and_out=null;
       byte content[]="ABC 你我他".getBytes();
       StringBuffer buffer=new StringBuffer();
       try{  in_and_out=new RandomAccessFile("A.dat","rw");
             in_and_out.write(content);
             in_and_out.seek(0);
             long m=in_and_out.length();
              while(m>=0)  {
                  m=m-1;
                  in_and_out.seek(m);
                  int c=in_and_out.readByte();
                  if(c<=255&&c>=0)  {
                     buffer.append((char)c);
                  }
```

```
                else {
                   m=m-1;
                   in_and_out.seek(m);
                   byte cc[]=new byte[2];
                   in_and_out.readFully(cc);
                   buffer.append(new String(cc));
                }
             }
             in_and_out.close();
          }
          catch(IOException e){}
          System.out.println(buffer);
       }
   }
```

6. 上机实践下列程序，了解怎样读取 Java 的.jar 文件。读者可以在命令行中使用 jar 命令，将若干个文件存放到一个.jar 文件中，例如“jar cf TT.jar Exmple.java English.txt”将 Exmple.java English.txt 存放到 TT.jar 文件中。

```
import java.io.*;
import java.util.jar.**;
import java.util.zip.*;
public class ReadJarFile {
   public static void main(String args[]) {
     File f=new File("TT.jar");
     File dir=new File("mybook");
     byte b[]=new byte[100];
     dir.mkdir();
     try{ JarInputStream in=new JarInputStream(new FileInputStream(f));
         ZipEntry zipEntry=null;
         while((zipEntry=in.getNextEntry())!=null) {
             File file=new File(dir,zipEntry.getName());
             FileOutputStream out=new FileOutputStream(file);
             int n=-1;
             System.out.println(file.getAbsolutePath()+"的内容: ");
             while((n=in.read(b,0,100))!=-1) {
               String str=new String(b,0,n);
               System.out.println(str);
               out.write(b,0,n);
             }
             out.close();
         }
         in.close();
     }
     catch(IOException ee) { }
   }
}
```

答案:

1. 不一定
2. 不能
3. 不是
4. ABCDEFG
   ABCDEFGEF
5. 他我你 CBA

上机实践 11 JDBC 数据库操作

实验 1 抽取样本

❶ 相关知识点

JDBC 操作不同的数据库仅仅是连接方式上的差异而已，使用 JDBC 的应用程序一旦和数据库建立连接，就可以使用 JDBC 提供的 API 操作数据库。操作 Access 数据库需要 Access 数据库连接器，例如 Access_JDBC30.jar。

（1）加载 Access 数据库连接器。

```
Class.forName("com.hxtt.sql.access.AccessDriver");
```

（2）和名字是 Book.accdb 的数据库建立连接。

```
con = DriverManager.getConnection("jdbc:Access://Book.accdb","","");
```

（3）得到 Statement 语句对象。

```
Statement sql = con.createStatement();
```

（4）发送 SQL 语句，必要时返回 ResultSet 对象（结果集）。

```
ResultSet rs = sql.executeQuery(SQL 中的查询语句);
sql.execute(SQL 中的更新、插入和删除语句);
```

❷ 实验目的

本实验的目的是让学生掌握操作数据库的基本步骤。

❸ 实验要求

使用 Access 数据库管理系统，例如 Microsoft Access，建立一个名字为 Book.accdb 的数据库。在数据库中新建 bookList 表，该表的字段为：

```
ISBN（varchar） name（varchar） price（float） chubanDate(date)
```

其中，ISBN 要设置为主键（PRIMARY KEY）。

编写程序，在 bookList 表中随机查询 10 条记录，并计算出这 10 条记录 price 字段值的平均值，即计算平均价格。

❹ 运行效果示例

程序运行效果如图 11.1 所示。

```
C:\0>java -cp Access_JDBC30.jar; ComputerAverPrice
表共有15条记录,随机抽取10条记录:
平均价格:58.288006
```

图 11.1 随机查询记录

❺ 程序模板

请按模板要求，将【代码】替换为 Java 程序代码。

//RandomGetRecord.java

```
import java.util.Vector;
import java.util.Random;
public class GetRandomNumber {
    public static int [] getRandomNumber(int max,int amount){
        Vector<Integer> vector = new Vector<Integer>();
        for(int i=1;i<=max;i++){
            vector.add(i);
        }
        int result[] = new int[amount];
        while(amount>0){
           int index = new Random().nextInt(vector.size());
           int m= vector.elementAt(index);
           vector.removeElementAt(index);
           result[amount-1] = m;
           amount--;
        }
        return result;
    }
}
```

//ComputerAverPrice.java

```
import java.sql.*;
public class ComputerAverPrice {
    public static void main(String args[]) {
       Connection con=null;
       Statement sql;
       ResultSet rs;
       try{
           【代码 1】   //加载 Access 数据库连接器
       }
       catch(Exception e){ }
       try{
           con = DriverManager.getConnection("jdbc:Access://Book.accdb","","");
       }
       catch(SQLException e){
           System.out.println(e);
       }
       try{
            sql=con.createStatement(ResultSet.TYPE_SCROLL_SENSITIVE,
                                    ResultSet.CONCUR_READ_ONLY);
            rs =【代码 2】  //sql 调用.executeQuery 方法查询 bookList 表中的全部记录
            rs.last();
            int max = rs.getRow();
```

```
            System.out.println("表共有"+max+"条记录,随机抽取 10 条记录: ");
            int [] a =GetRandomNumber.getRandomNumber(max,10);
            float sum = 0;
            for(int i:a){
                【代码 3】   //将 rs 的游标移到第 i 行
                float price = rs.getFloat(3);
                sum = sum+price;
            }
            con.close();
            System.out.println("平均价格:"+sum/a.length);
        }
        catch(SQLException e) { }
    }
}
```

❻ **实验指导**

使用-cp 参数加载 Access_JDBC30.jar 文件中的连接器的类 AccessDriver，要特别注意在 jar 文件和主类名之间用分号分隔，而且分号和主类名之间必须留有至少一个空格：

```
java -cp Access_JDBC30.jar; ComputerAverPrice
```

院校的实验环境大部分都是 Microsoft 的操作系统，在安装 Office 办公系统软件的同时就安装好了 Microsoft Access 数据库管理系统，例如 Microsoft Access 2010。

为了能进行随机查询，Statement 必须返回一个可滚动的结果集。absolute(int row)方法可以将结果集中的游标移到参数 row 指定的行。java.util 包中的 Vector 类负责创建一个向量对象，向量创建后，例如“Vector<Integer> a=new Vector<Integer>();”，可以使用 add(Integer n)把 Integer 对象 n 添加到向量的末尾，向量的大小会自动增加。可以使用 elementAt(int index) 获取指定索引处的向量的元素（索引初始位置是 0）。

❼ **实验后的练习**

参照本实验编写一个数据库查询的程序，可以在若干学生中随机抽取 20 名学生，并计算这 20 名学生的平均成绩。

❽ **填写实验报告**

实验编号：1101 学生姓名： 实验时间： 教师签字：

实验效果评价	A	B	C	D	E
模板完成情况					
实验后的练习效果评价	A	B	C	D	E
练习完成情况					
总评					

实验 2 用户转账

❶ **相关知识点**

事务由一组 SQL 语句组成，所谓事务处理，是指应用程序保证事务中的 SQL 语句要么全部执行，要么一个都不执行。

事务处理的步骤如下。

（1）关闭自动提交模式，即关闭 SQL 语句的即刻生效性。Connection 对象 con 使用 setAutoCommit 关闭自动提交模式：

```
con.setAutoCommit(false);
```

（2）执行事务中的 SQL 语句，然后执行 Connection 对象 con 调用 commit()方法恢复 SQL 语句的有效性：

```
con.commit();
```

（3）撤销事务所做的操作，即处理事务失败。如果事务中的 SQL 语句未能全部成功，需在该步骤撤销 SQL 语句对数据库的操作，即 con 对象调用 rollback()方法：

```
con.rollback();
```

❷ 实验目的

本实验的目的是让学生掌握事务处理的基本步骤。

❸ 实验要求

使用某种数据库管理系统，例如 Microsoft Access 或 MySQL，建立一个名字为 bank 的数据库。在 bank 数据库中创建 car1 和 car2 表，card1 和 card2 表的字段如下（二者相同）：

```
number（文本） name（文本） amount（数字，双精度）
```

其中，number 字段为主键。

程序进行两个操作，一是将 card1 表中某记录的 amount 字段的值减去 100，二是将 card2 表中某记录的 amount 字段的值增加 100，必须保证这两个操作要么都成功，要么都失败。

❹ 运行效果示例

程序运行效果如图 11.2 所示。

```
转账操作之前zhangsan的钱款数额:200.0
转账操作之前xidanShop的钱款数额:160.0
转账操作之后zhangsan的钱款数额:100.0
转账操作之后xidanShop的钱款数额:260.0
```

图 11.2　转账操作

❺ 程序模板

请按模板要求，将【代码】替换为 Java 程序代码。

//TurnMoney.java

```
import java.sql.*;
public class TurnMoney {
   public static void main(String args[]){
      Connection con = null;
      Statement sql;
      ResultSet rs;
      try {【代码 1】 //加载数据库连接器
```

```
        }
        catch(ClassNotFoundException e){
             System.out.println(""+e);
        }
        try{ double n = 100;
            con = 【代码 2】          //连接数据库
            【代码 3】关闭自动提交模式
            sql = con.createStatement();
            rs=sql.executeQuery("SELECT * FROM card1 WHERE number='zhangsan'");
            rs.next();
            double amountOne = rs.getDouble("amount");
            System.out.println("转账操作之前 zhangsan 的钱款数额:"+amountOne);
            rs = sql.executeQuery("SELECT * FROM card2 WHERE number='xidanShop'");
            rs.next();
            double amountTwo = rs.getDouble("amount");
            System.out.println("转账操作之前 xidanShop 的钱款数额:"+amountTwo);
            amountOne = amountOne-n;
            amountTwo = amountTwo+n;
            sql.executeUpdate(
            "UPDATE card1 SET amount ="+amountOne+" WHERE number ='zhangsan'");
            sql.executeUpdate(
            "UPDATE card2 SET amount ="+amountTwo+" WHERE number ='xidanShop'");
            con.commit(); //开始事务处理,如果发生异常直接执行 catch 块
            【代码 4】恢复自动提交模式
            rs=sql.executeQuery("SELECT * FROM card1 WHERE number='zhangsan'");
            rs.next();
            amountOne = rs.getDouble("amount");
            System.out.println("转账操作之后 zhangsan 的钱款数额:"+amountOne);
            rs = sql.executeQuery("SELECT * FROM card2 WHERE number='xidanShop'");
            rs.next();
            amountTwo = rs.getDouble("amount");
            System.out.println("转账操作之后 xidanShop 的钱款数额:"+amountTwo);
            con.close();
        }
        catch(SQLException e){
            try{  【代码 5】撤销事务所做的操作
            }
            catch(SQLException exp){}
            System.out.println(e.toString());
        }
    }
}
```

❻ 实验指导

“con.commit();”语句进行事务处理的过程中，如果发现无法保证事务中的所有 SQL 语句要么都成功要么都不成功，就抛出异常。

❼ 实验后的练习

参照本实验编写其他事务处理。

❽ 填写实验报告

实验编号：1102　学生姓名：　　实验时间：　　教师签字：

实验效果评价	A	B	C	D	E
模板完成情况					
实验后的练习效果评价	A	B	C	D	E
练习完成情况					
总评					

实验答案

实验 1

【代码 1】：Class.forName("com.hxtt.sql.access.AccessDriver");

【代码 2】：sql.executeQuery("SELECT * FROM bookList");

【代码 3】：rs.absolute(i);

实验 2

【代码 1】：如果是 Access 数据库，答案是：

```
Class.forName("com.hxtt.sql.access.AccessDriver");
```

【代码 1】：如果是数据库 MySQL 8.0 之后版本，答案是：

```
Class.forName("com.mysql.cj.jdbc.Driver");
```

【代码 2】：如果是 Access 数据库，答案是：

```
DriverManager.getConnection("jdbc:Access://bank.accdb","","");
```

【代码 2】：如果是数据库 MySQL 8.0 之后版本，答案是：

```
DriverManager.getConnection(uri);
```

其中，uri 事先定义为：

```
String uri =
"jdbc:mysql://127.0.0.1:3306/bank?user=root&password=&useSSL=false"+
"&serverTimezone=GMT";
```

【代码 3】：con.setAutoCommit(false);

【代码 4】：con.setAutoCommit(true);;

【代码 5】：con.rollback();

自 测 题

1．在没有输出结果集中的数据之前能否关闭数据库连接？

2．可滚动结果集的好处是什么？
3．事务处理的第一个步骤是什么？

答案：

1．不能。
2．可以方便地随机查询记录。
3．关闭默认的提交方式，即关闭 SQL 语句的即刻生效性。

上机实践 12　多线程

实验 1　键盘操作练习

❶ 相关知识点

在 Java 语言中，用 Thread 类或子类创建线程对象。

用 Thread 的子类创建线程。要求在编写 Thread 类的子类时重写父类的 run()方法，其目的是规定线程的具体操作，否则线程就什么也不做，因为父类的 run()方法中没有任何操作语句。线程创建后仅是占用了内存资源，在 JVM 管理的线程中还没有这个线程，此线程必须调用 start()方法（从父类继承的方法）通知 JVM，这样 JVM 就会知道该线程在排队等候 CPU 资源。

❷ 实验目的

掌握使用 Thread 的子类创建线程。

❸ 实验要求

编写一个 Java 应用程序，在主线程中再创建两个线程，一个线程负责给出键盘上字母键上的字母，另一个线程负责让用户在命令行中输入所给出的字母。

❹ 程序运行效果

程序运行效果如图 12.1 所示。

```
键盘练习(输入#结束程序)
输入显示的字母(回车)
显示的字符:a
 a
                  输入对了,目前分数1
显示的字符:b
 b
                  输入对了,目前分数2
```

图 12.1　按键练习

❺ 程序模板

请按模板要求将【代码】替换为 Java 程序代码。

TypeKey.java

```
public class TypeKey {
  public static void main(String args[]) {
      System.out.println("键盘练习(输入#结束程序)");
      System.out.printf("输入显示的字母(回车)\n");
      Letter letter;
      letter=new Letter();
      GiveLetterThread giveChar;
      InputLetterThread typeChar;
      【代码 1】  //创建线程 giveChar
      giveChar.setLetter(letter);
      giveChar.setSleepLength(3200);
      【代码 2】  //创建线程 typeChar
      typeChar.setLetter(letter);
      giveChar.start();
      typeChar.start();
   }
}
```

Letter.java

```
public class Letter {
   char c='\0';
   public void setChar(char c) {
      this.c=c;
   }
   public char getChar() {
      return c;
   }
}
```

GiveLetterThread.java

```
public class GiveLetterThread extends Thread {
    Letter letter;
    char startChar='a',endChar='z';
    int sleepLength=5000;
    public void setLetter(Letter letter) {
      this.letter=letter;
    }
    public void setSleepLength(int n){
       sleepLength=n;
    }
    public void run() {
       char c=startChar;
       while(true) {
          letter.setChar(c);
          System.out.printf("显示的字符:%c\n ",letter.getChar());
          try{【代码3】  //调用sleep方法使得线程中断sleepLength毫秒
          }
          catch(InterruptedException e){}
          c=(char)(c+1);
          if(c>endChar)
             c=startChar;
       }
    }
}
```

InputLetterThread.java

```
import java.awt.*;
import java.util.Scanner;
public class InputLetterThread extends Thread {
   Scanner reader;
   Letter letter;
   int score=0;
   InputLetterThread() {
      reader=new Scanner(System.in);
   }
   public void setLetter(Letter letter) {
      this.letter=letter;
   }
```

```
    public void run() {
       while(true) {
         String str=reader.nextLine();
         char c=str.charAt(0);
         if(c==letter.getChar()) {
            score++;
            System.out.printf("\t\t 输入对了,目前分数%d\n",score);
         }
         else {
           System.out.printf("\t\t 输入错了,目前分数%d\n",score);
         }
         if(c=='#')
            System.exit(0);
       }
    }
}
```

❻ 实验指导

（1）使用 Thread 类的子类创建线程一定要重写父类的 run()方法，否则线程什么也不做。

（2）线程的 run()方法开始执行后不要让线程再调用 start()方法。

❼ 实验后的练习

改进 GiveLetterThread 类，使得该类创建的线程能让用户熟练地使用更多的键。

❽ 填写实验报告

实验编号：1201 学生姓名： 实验时间： 教师签字：

实验效果评价	A	B	C	D	E
模板完成情况					
实验后的练习效果评价	A	B	C	D	E
练习完成情况					
总评					

实验 2　双线程猜数字

❶ 相关知识点

在使用 Thread 创建线程对象时，通常使用的构造方法是：

```
Thread(Runnable target);
```

该构造方法中的参数是一个 Runnable 类型的接口，因此在创建线程对象时必须向构造方法的参数传递一个实现 Runnable 接口类的实例，该实例对象称作所创建线程的目标对象。当线程调用 start()方法后，一旦轮到它来享用 CPU 资源，目标对象就会自动调用接口中的 run()方法（接口回调），这一过程是自动实现的，用户程序只需要让线程调用 start()方法即可。线程绑定于 Runnable 接口，也就是说，当线程被调用并转入运行状态时，所执行的就是 run()方法中规定的操作。

线程同步是指几个线程都需要调用同一个同步方法（用 synchronized 修饰的方法）。一个线程在使用的同步方法中，可能根据问题的需要，必须使用 wait()方法暂时让出 CPU 的使用权，以便其他线程使用这个同步方法。其他线程在使用这个同步方法时如果不需要等待，那么它用完这个同步方法的同时，应当执行 notifyAll()方法通知所有由于使用这个同步方法而处于等待的线程结束等待。曾中断的线程就会从刚才的中断处继续执行这个同步方法，并遵循“先中断先继续”的原则。如果使用 notify()方法，那么只是通知处于等待中的线程的某一个结束等待。wait()、notify()和 notifyAll()都是 Object 类中的 final 方法，是被所有的类继承且不允许重写的方法。

❷ 实验目的

学习使用 Thread 类创建线程，以及怎样处理线程同步问题。

❸ 实验要求

用两个线程玩猜数字游戏，第一个线程负责随机给出 1～100 的一个整数，第二个线程负责猜出这个数。要求每当第二个线程给出自己的猜测后，第一个线程都会提示“猜小了”“猜大了”或“猜对了”。在猜数之前，要求第二个线程等待第一个线程设置好要猜测的数。第一个线程设置好猜测的数之后，两个线程还要互相等待，其原则是第二个线程给出自己的猜测后，等待第一个线程给出的提示；第一个线程给出提示后，等待第二个线程给出的猜测，如此进行，直到第二个线程给出正确的猜测后两个线程进入死亡状态。

❹ 程序运行效果

程序运行效果如图 12.2 所示。

```
随机给你一个1至100之间的数，猜猜是多少？
我第1次猜这个数是:50
你猜大了
我第2次猜这个数是:25
你猜大了
我第3次猜这个数是:12
你猜小了
我第4次猜这个数是:18
你猜小了
我第5次猜这个数是:21
你猜小了
我第6次猜这个数是:23
你猜大了
我第7次猜这个数是:22
恭喜，你猜对了
```

图 12.2　双线程猜数字

❺ 程序模板

请按模板要求将【代码】替换为 Java 程序代码。

TwoThreadGuessNumber.java

```
public class TwoThreadGuessNumber {
   public static void main(String args[]) {
      Number number=new Number();
      number.giveNumberThread.start();
      number.guessNumberThread.start();
   }
}
```

Number.java

```
public class Number implements Runnable {
   final int SMALLER=-1,LARGER=1,SUCCESS=8;
   int realNumber,guessNumber,min=0,max=100,message=SMALLER;
   boolean pleaseGuess=false,isGiveNumber=false;
   Thread giveNumberThread,guessNumberThread;
   Number() {
   【代码 1】 //创建 giveNumberThread,当前 Number 类的实例是 giveNumberThread 的目标对象
   【代码 2】 //创建 guessNumberThread,当前 Number 类的实例是 guessNumberThread 的目标对象
   }
   public void run() {
      for(int count=1;true;count++) {
         setMessage(count);
         if(message==SUCCESS)
            return;
      }
   }
   public synchronized void setMessage(int count) {
```

```
        if(Thread.currentThread()==giveNumberThread&&isGiveNumber==false) {
            realNumber=(int)(Math.random()*100)+1;
            System.out.println("随机给你一个 1 至 100 之间的数,猜猜是多少？");
            isGiveNumber=true;
            pleaseGuess=true;
        }
        if(Thread.currentThread()==giveNumberThread) {
            while(pleaseGuess==true)
               try{ wait();      //让出 CPU 使用权,让另一个线程开始猜数
               }
               catch(InterruptedException e){}
               if(realNumber>guessNumber) {
                             //结束等待后,根据另一个线程的猜测给出提示
                  message=SMALLER;
                  System.out.println("你猜小了");
               }
               else if(realNumber<guessNumber){
                  message=LARGER;
                  System.out.println("你猜大了");
               }
               else {
                  message=SUCCESS;
                  System.out.println("恭喜，你猜对了");
               }
               pleaseGuess=true;
            }
        if(Thread.currentThread()==guessNumberThread&&isGiveNumber==true) {
               while(pleaseGuess==false)
                  try{ wait(); //让出 CPU 使用权,让另一个线程给出提示
                  }
                  catch(InterruptedException e){}
                  if(message==SMALLER) {
                     min=guessNumber;
                     guessNumber=(min+max)/2;
                     System.out.println("我第"+count+"次猜这个数是:"+guessNumber);
                  }
                  else if(message==LARGER) {
                     max=guessNumber;
                     guessNumber=(min+max)/2;
                     System.out.println("我第"+count+"次猜这个数是:"+guessNumber);
                  }
                  pleaseGuess=false;
        }
        notifyAll();
    }
}
```

❻ 实验指导

（1）对于 Thread(Runnable target)构造方法创建的线程，当轮到它来享用 CPU 资源时，目标对象就会自动调用接口中的 run()方法，因此对于使用同一个目标对象的线程，目标对象的成员变量自然就是这些线程共享的数据单元。

（2）对于具有相同目标对象的线程，当其中一个线程享用 CPU 资源时，目标对象自动调用接口中的 run()方法，这时 run()方法中的局部变量被分配内存空间，当轮到另一个线程享用 CPU 资源时，目标对象会再次调用接口中的 run()方法，那么 run()方法中的局部变量会再次分配内存空间。不同线程的 run()方法中的局部变量互不干扰，一个线程改变了自己的 run()方法中的局部变量的值不会影响其他线程的 run()方法中的局部变量。

❼ 实验后的练习

参考本实验模拟 3 个线程猜数字，一个线程负责给出要猜测的数字，另外两个线程负责猜测。

❽ 填写实验报告

实验编号：1202 学生姓名： 实验时间： 教师签字：

实验效果评价	A	B	C	D	E
模板完成情况					
实验后的练习效果评价	A	B	C	D	E
练习完成情况					
总评					

实验 3 汉字打字练习

❶ 相关知识点

当 Java 程序包含图形用户界面（GUI）时，Java 虚拟机在运行应用程序时会自动启动更多的线程，其中有两个重要的线程，即 AWT-EventQuecue 和 AWT-Windows。AWT-EventQuecue 线程负责处理 GUI 事件。

❷ 实验目的

掌握在 GUI 中使用 Thread 的子类创建线程。

❸ 实验要求

编写一个 Java 应用程序，在主线程中创建一个 Frame 类型的窗口，在该窗口中再创建一个线程 giveWord。线程 giveWord 每隔两秒给出一个汉字，用户使用一种汉字输入法将该汉字输入到文本框中。

❹ 程序运行效果

程序运行效果如图 12.3 所示。

❺ 程序模板

请按模板要求将【代码】替换为 Java 程序代码。

图 12.3 汉字打字练习

ThreadWordMainClass.java

```
public class ThreadWordMainClass {
  public static void main(String args[]) {
      new ThreadFrame().setTitle("汉字打字练习");
   }
}
```

WordThread.java

```
import javax.swing.JTextField;
public class WordThread extends Thread {
```

```
    char word;
    int startPosition=19968; //Unicode 表的 19968~32320 位上的汉字
    int endPosition=32320;
    JTextField showWord;
    int sleepLength=6000;
    public void setJTextField(JTextField t) {
        showWord=t;
        showWord.setEditable(false);
    }
    public void setSleepLength(int n){
       sleepLength=n;
    }
    public void run() {
       int k=startPosition;
       while(true) {
          word=(char)k;
          showWord.setText(""+word);
          try{【代码 1】 //调用 sleep()方法使得线程中断 sleepLength 毫秒
          }
          catch(InterruptedException e){}
          k++;
          if(k>=endPosition)
             k=startPosition;
       }
    }
}
```

ThreadFrame.java

```
import java.awt.*;
import java.awt.event.*;
import javax.swing.*;
public class ThreadFrame extends JFrame implements ActionListener {
   JTextField showWord;
   JButton button;
   JTextField inputText,showScore;
   【代码 2】//用 WordThread 声明一个 giveWord 线程对象
   int score=0;
   ThreadFrame() {
      showWord=new JTextField(6);
      showWord.setFont(new Font("",Font.BOLD,72));
      showWord.setHorizontalAlignment(JTextField.CENTER);
      【代码 3】//创建 giveWord 线程
      giveWord.setJTextField(showWord);
      giveWord.setSleepLength(5000);
      button=new JButton("开始");
      inputText=new JTextField(10);
      showScore=new JTextField(5);
      showScore.setEditable(false);
      button.addActionListener(this);
      inputText.addActionListener(this);
```

```
         add(button,BorderLayout.NORTH);
         add(showWord,BorderLayout.CENTER);
         JPanel southP=new JPanel();
         southP.add(new JLabel("输入汉字（回车）:"));
         southP.add(inputText);
         southP.add(showScore);
         add(southP,BorderLayout.SOUTH);
         setBounds(100,100,350,180);
         setVisible(true);
         validate();
         setDefaultCloseOperation(JFrame.EXIT_ON_CLOSE);
      }
      public void actionPerformed(ActionEvent e) {
         if(e.getSource()==button) {
            if(!(giveWord.isAlive())){
               【代码 4】//创建 giveWord
               giveWord.setJTextField(showWord);
               giveWord.setSleepLength(5000);
            }
            try {
                 【代码 5】//giveWord 调用 start()方法
            }
            catch(Exception exe){}
         }
         else if(e.getSource()==inputText) {
             if(inputText.getText().equals(showWord.getText()))
                 score++;
             showScore.setText("得分:"+score);
             inputText.setText(null);
         }
      }
   }
```

❻ 实验指导

（1）AWT-Windows 线程负责将窗体或组件绘制到桌面。

（2）在发生 GUI 界面事件时，JVM 会将 CPU 资源切换给 AWT-EventQuecue 线程。

❼ 实验后的练习

编写一个英文单词打字练习。要求事先编辑一个英文单词组成的文本文件（单词用空格分隔），Wordthread 线程使用 Scanner 类的实例解析文本文件中的单词（参考主教材中的 8.3 节）。

❽ 填写实验报告

实验编号：1203 学生姓名： 实验时间： 教师签字：

实验效果评价	A	B	C	D	E
模板完成情况					
实验后的练习效果评价	A	B	C	D	E
练习完成情况					
总评					

实验 4　月亮围绕地球

❶ 相关知识点

当某些操作需要周期性地执行时就可以使用计时器。用户可以使用 Timer 类的构造方法 Timer(int a, Object b)创建一个计时器，其中的参数 a 的单位是毫秒，用于确定计时器每隔 a 毫秒“振铃”一次，参数 b 是计时器的监视器。计时器发生的振铃事件是 ActionEvent 类型事件。当振铃事件发生时，监视器就会监视到这个事件，监视器就会回调 ActionListener 接口中的 actionPerformed(ActionEvent e)方法。

❷ 实验目的

学习使用 Timer 类创建线程。

❸ 实验要求

编写一个应用程序，模拟月亮围绕地球。

❹ 程序运行效果

程序运行效果如图 12.4 所示。

图 12.4　月亮围绕地球

❺ 程序模板

请按模板要求将【代码】替换为 Java 程序代码。

MainClass.java

```
import javax.swing.*;
public class MainClass {
     public static void main(String args[]) {
     Sky sky=new Sky();
     JFrame frame=new JFrame();
     frame.add(sky);
     frame.setSize(500,500);
     frame.setVisible(true);
     frame.setDefaultCloseOperation(JFrame.EXIT_ON_CLOSE);
     frame.getContentPane().setBackground(java.awt.Color.white);
   }
}
```

Earth.java

```
import java.awt.*;
import javax.swing.*;
import java.awt.event.*;
public class Earth extends JLabel implements ActionListener {
   JLabel moon; //显示月亮的外观
   Timer timer;
   double pointX[]=new double[360],
         pointY[]=new double[360];
   int w=200,h=200,i=0;
   Earth() {
     setLayout(new FlowLayout());
     setPreferredSize(new Dimension(w,h));
     【代码 1】//创建 timer，振铃间隔是 20 毫秒，当前 Earth 对象为其监视器
     setIcon(new ImageIcon("earth.jpg"));
```

```
      setHorizontalAlignment(SwingConstants.CENTER);
      moon=new JLabel(new ImageIcon("moon.jpg"),SwingConstants.CENTER);
      add(moon);
      moon.setPreferredSize(new Dimension(60,60));
      pointX[0]=0;
      pointY[0]=h/2;
      double angle=1*Math.PI/180;     //刻度为 1°
      for(int i=0;i<359;i++) {        //计算出数组中各个元素的值
        pointX[i+1]=pointX[i]**Math.cos(angle)-Math.sin(angle)*pointY[i];
        pointY[i+1]=pointY[i]*Math.cos(angle)+pointX[i]*Math.sin(angle);
      }
      for(int i=0;i<360;i++) {
        pointX[i]=0.8*pointX[i]+w/2;  //坐标缩放、平移
        pointY[i]=0.8*pointY[i]+h/2;
      }
      timer.start();
    }
    public void actionPerformed(ActionEvent e) {
       i=(i+1)%360;
       moon.setLocation((int)pointX[i]-30,(int)pointY[i]-30);
    }
}
```

Sky.java

```
import java.awt.*;
import javax.swing.*;
import java.awt.event.*;
public class Sky extends JLabel implements ActionListener {
   Earth earth;
   Timer timer;
   double pointX[]=new double[360],
          pointY[]=new double[360];
   int w=400,h=400,i=0;
   Sky() {
     setLayout(new FlowLayout());
      【代码 2】//创建 timer,振铃间隔是 100 毫秒，当前 Sky 对象为其监视器
     setPreferredSize(new Dimension(w,h));
     earth=new Earth();
     add(earth);
     earth.setPreferredSize(new Dimension(200,200));
     pointX[0]=0;
     pointY[0]=h/2;
     double angle=1*Math.PI/180;     //刻度为 1°
     for(int i=0;i<359;i++) {        //计算出数组中各个元素的值
       pointX[i+1]=pointX[i]*Math.cos(angle)-Math.sin(angle)*pointY[i];
       pointY[i+1]=pointY[i]*Math.cos(angle)+pointX[i]*Math.sin(angle);
     }
     for(int i=0;i<360;i++) {
       pointX[i]=0.5*pointX[i]+w/2;  //坐标缩放、平移
```

```
        pointY[i]=0.5*pointY[i]+h/2;
      }
      timer.start();
    }
    public void actionPerformed(ActionEvent e) {
        i=(i+1)%360;
        earth.setLocation((int)pointX[i]-100,(int)pointY[i]-100);
    }
}
```

❻ 实验指导

如果一个圆的圆心是(0,0)，那么对于给定圆上的一点(x,y)，该点按顺时针旋转 α 弧度后的坐标(m,n)由下列公式计算：

$$m=x\times\cos(\alpha)-y\times\sin(\alpha)$$

$$n=y\times\cos(\alpha)+x\times\sin(\alpha)$$

❼ 实验后的练习

模拟有两个卫星的行星。

❽ 填写实验报告

实验编号：1204　学生姓名：　　实验时间：　　教师签字：

实验效果评价	A	B	C	D	E
模板完成情况					
实验后的练习效果评价	A	B	C	D	E
练习完成情况					
总评					

实验答案

实验 1：

【代码 1】giveChar =new GiveLetterThread();

【代码 2】typeChar=new InputLetterThread();

【代码 3】Thread.sleep(sleepLength);或 sleep(sleepLength);

实验 2：

【代码 1】giveNumberThread=new Thread(this);

【代码 2】guessNumberThread=new Thread(this);

实验 3：

【代码 1】sleep(sleepLength);或 Thread.sleep(sleepLength);

【代码 2】WordThread giveWord;

【代码 3】giveWord=new WordThread();

【代码 4】giveWord=new WordThread();

【代码 5】giveWord.start();

实验 4：

【代码 1】timer=new Timer(20,this);

【代码2】timer=new Timer(100,this);

自测题

1．处于新建状态的线程调用 isAlive()方法返回的值是什么？
2．sleep(long n)方法是 Thread 类中的 static()方法吗？
3．线程对象调用 start()方法的作用是怎样的？
4．线程的 run()方法开始执行后，让线程再次调用 start()方法会产生怎样的后果?
5．在下列 E 类的 main()方法中，System.out.println 的输出结果是什么？

```
import java.awt.*;
import java.awt.event.*;
public class E implements Runnable {
StringBuffer buffer=new StringBuffer();
   Thread t1,t2;
   E(){
     t1=new Thread(this);
     t2=new Thread(this);
   }
   public synchronized void addChar(char c) {
      if(Thread.currentThread()==t1) {
        while(buffer.length()==0)
          try{ wait();
          }
          catch(Exception e){}
          buffer.append(c);
       }
       if(Thread.currentThread()==t2) {
          buffer.append(c);
          notifyAll();
       }
   }
   public static void main(String s[]) {
      E hello=new E();
      hello.t1.start();
      hello.t2.start();
      while(hello.t1.isAlive()||hello.t2.isAlive())
      {  }
      System.out.println(hello.buffer);
   }
   public void run() {
      if(Thread.currentThread()==t1) {
          addChar('A');
      }
      if(Thread.currentThread()==t2) {
          addChar('B');
      }
   }
}
```

6．在下列程序中一共有几个线程（包括主线程）？

```
class Table extends Thread implements Runnable {
   int 正面,反面,正立,n;
   public void run() {
      while(true) {
         n++;
         double i=Math.random();
          if(i<0.5)  {
             正面++;
             System.out.printf("正面出现的频率: %.3f\n",(double)正面/n);
          }
          else if(i==0.5) {
             正立++;
             System.out.printf("正立出现的频率: %.3f",(double)正立/n);
          }
          else  {
             反面++;
             System.out.printf("\t\t\t反面出现的频率: %.3f\n",(double)反面/n);
          }
          try{ Thread.sleep(500);
          }
          catch(Exception e) {}
      }
   }
}
public class E {
   public static void main(String args[]) {
      Table table=new Table();
      Thread coin=new Thread(table);
      coin.start();
   }
}
```

答案：

1．false

2．是。

3．线程创建后仅是占有了内存资源，在 JVM 管理的线程中还没有这个线程，此线程必须调用 start()方法通知 JVM，这样 JVM 就会知道又有一个新线程排队等候 CPU 资源。也就是说，线程调用 start()方法启动，使之从新建状态进入就绪队列排队，一旦轮到它来享用 CPU 资源，就可以脱离创建它的线程独立开始自己的生命周期了。

4．在线程没有结束 run()方法之前，不要让线程再调用 start()方法，否则将发生 IllegalThreadStateException 异常。

5．BA

6．两个，一个主线程，一个用户线程 coin。

源码下载

上机实践 13　Java 网络编程 

实验 1　读取服务器端文件

❶ 相关知识点

java.net 包中的 URL 类是对统一资源定位符（Uniform Resource Locator）的抽象，使用 URL 创建对象的应用程序称作客户端程序，一个 URL 对象存放着一个具体的资源的引用，表明客户要访问这个 URL 中的资源，利用 URL 对象可以获取 URL 中的资源。URL 对象调用 InputStream openStream()方法可以返回一个输入流，该输入流指向 URL 对象所包含的资源。通过该输入流可以将服务器上的资源信息读入客户端。

❷ 实验目的

学会使用 URL 对象。

❸ 实验要求

创建一个 URL 对象，然后让 URL 对象返回输入流，通过该输入流读取 URL 所包含的资源文件。

❹ 程序运行效果

程序运行效果如图 13.1 所示。

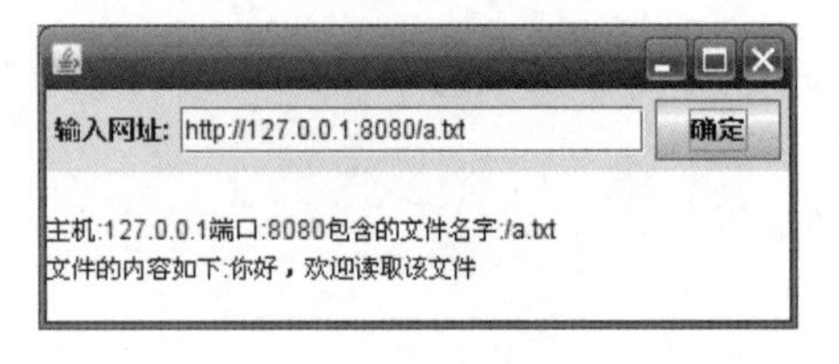

图 13.1　读取文件

❺ 程序模板

请按模板要求将【代码】替换为 Java 程序代码。

ReadFile.java

```
import java.awt.*;
import java.awt.event.*;
import java.net.*;
import java.io.*;
import javax.swing.*;
public class ReadURLSource {
   public static void main(String args[]) {
      new NetWin();
   }
}
class NetWin extends JFrame implements ActionListener,Runnable {
   JButton button;
   URL url;
   JTextField inputURLText; //输入 URL
   JTextArea area;
   byte b[]=new byte[118];
   Thread thread;
   NetWin() {
      inputURLText=new JTextField(20);
```

```
      area=new JTextArea(12,12);
      button=new JButton("确定");
      button.addActionListener(this);
      thread=new Thread(this);
      JPanel p=new JPanel();
      p.add(new JLabel("输入网址:"));
      p.add(inputURLText);
      p.add(button);
      add(area,BorderLayout.CENTER);
      add(p,BorderLayout.NORTH);
      setBounds(60,60,560,300);
      setVisible(true);
      validate();
      setDefaultCloseOperation(JFrame.EXIT_ON_CLOSE);
   }
   public void actionPerformed(ActionEvent e) {
      if(!(thread.isAlive()))
         thread=new Thread(this);
      try{  thread.start();
      }
      catch(Exception ee) {
           inputURLText.setText("我正在读取"+URL);
      }
   }
   public void run() {
      try {  int n=-1;
            area.setText(null);
            String name=inputURLText.getText().trim();
            【代码 1】 //使用字符串 name 创建 URL 对象
            String hostName=【代码 2】 //URL 调用 getHost()
            int urlPortNumber=url.getPort();
            String fileName=url.getFile();
            InputStream in=【代码 3】 //URL 调用方法返回一个输入流
            area.append("\n 主机:"+hostName+"端口:"+urlPortNumber+
                          "包含的文件名字:"+fileName);
            area.append("\n 文件的内容如下:");
            while((n=in.read(b))!=-1) {
               String s=new String(b,0,n);
                   area.append(s);
            }
      }
      catch(MalformedURLException e1) {
           inputURLText.setText(""+e1);
           return;
      }
      catch(IOException e1) {
          inputURLText.setText(""+e1);
          return;
      }
   }
}
```

❻ **实验指导**

URL 资源的读取可能会引起堵塞，因此程序需在一个线程中读取 URL 资源，以免堵塞主线程。

❼ **实验后的练习**

public int getDefaultPort()、public String getRef()、public String getProtocol()等方法都是 URL 对象常用的方法，在模板中让 url 调用这些方法，并输出这些方法返回的值。

❽ **填写实验报告**

实验编号：1301 学生姓名： 实验时间： 教师签字：

实验效果评价	A	B	C	D	E
模板完成情况					
实验后的练习效果评价	A	B	C	D	E
练习完成情况					
总评					

实验 2　会结账的服务器

❶ **相关知识点**

网络套接字是基于 TCP 协议的有连接通信，套接字连接就是客户端的套接字对象和服务器端的套接字对象通过输入和输出流连接在一起。服务器建立 ServerSocket 对象，ServerSocket 对象负责等待客户端请求建立套接字连接，而客户端建立 Socket 对象向服务器发出套接字连接请求。

可以使用 Socket 类不带参数的构造方法 public Socket()创建一个套接字对象，该对象不请求任何连接。该对象再调用 public void connect(SocketAddress endpoint) throws IOException 请求和参数 SocketAddress 指定地址的套接字建立连接。为了使用 connect()方法，可以使用 SocketAddress 的子类 InetSocketAddress 创建一个对象，InetSocketAddress 的构造方法是：

```
public InetSocketAddress(InetAddress addr, int port)
```

❷ **实验目的**

学会使用套接字读取服务器端的对象。

❸ **实验要求**

客户端和服务器建立套接字连接后，客户将如下格式的账单发送给服务器：

```
房租:2189 元 水费:112.9 元 电费:569 元 物业费:832 元
```

服务器返回给客户的信息是：

```
您的账单:
房租:2189 元 水费:112.9 元 电费:569 元 物业费:832 元
总计: 3699.9 元
```

❹ **程序运行效果**

程序运行效果如图 13.2 所示。

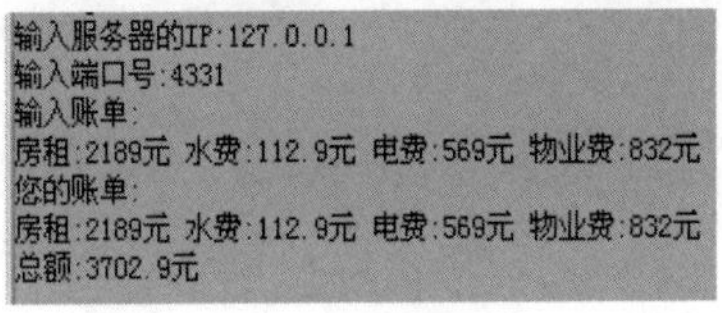

```
输入服务器的IP:127.0.0.1
输入端口号:4331
输入账单:
房租:2189元 水费:112.9元 电费:569元 物业费:832元
您的账单:
房租:2189元 水费:112.9元 电费:569元 物业费:832元
总额:3702.9元
```

（a）客户端

```
客户的地址:/127.0.0.1
正在监听
```

（b）服务器端

图 13.2　客户端和服务器端

❺ 程序模板

请按模板要求将【代码】替换为 Java 程序代码。

客户端模板：ClientItem.java

```
import java.io.*;
import java.net.*;
import java.util.*;
public class ClientItem  {
   public static void main(String args[]) {
      Scanner scanner=new Scanner(System.in);
      Socket clientSocket=null;
      DataInputStream inData=null;
      DataOutputStream outData=null;
      Thread thread;
      Read read=null;
      try{  clientSocket=new Socket();
           read=new Read();
           thread=new Thread(read);   //负责读取信息的线程
           System.out.print("输入服务器的 IP:");
           String IP=scanner.nextLine();
           System.out.print("输入端口号:");
           int port=scanner.nextInt();
           String enter=scanner.nextLine(); //消耗多余的回车符
           if(clientSocket.isConnected()){}
           else{
             InetAddress address=InetAddress.getByName(IP);
             InetSocketAddress socketAddress=new InetSocketAddress(address,
             port);
             clientSocket.connect(socketAddress);
             InputStream in=【代码 1】
                                //clientSocket 调用 getInputStream()返回输入流
             OutputStream out=【代码 2】
                                //clientSocket 调用 getOutputStream()返回输出流
             inData=new DataInputStream(in);
             outData=new DataOutputStream(out);
             read.setDataInputStream(inData);
             read.setDataOutputStream(outData);
             thread.start(); //启动负责读取信息的线程
           }
       }
       catch(Exception e) {
           System.out.println("服务器已断开"+e);
       }
```

```
   }
}
class Read implements Runnable {
   Scanner scanner=new Scanner(System.in);
   DataInputStream in;
   DataOutputStream out;
   public void setDataInputStream(DataInputStream in) {
      this.in=in;
   }
   public void setDataOutputStream(DataOutputStream out) {
      this.out=out;
   }
   public void run() {
      System.out.println("输入账单:");
      String content=scanner.nextLine();
      try{  out.writeUTF("账单"+content);
            String str=in.readUTF();
            System.out.println(str);
            str=in.readUTF();
            System.out.println(str);
            str=in.readUTF();
            System.out.println(str);
      }
      catch(Exception e) {}
   }
}
```

服务器端模板：ServerItem.java

```
import java.io.*;
import java.net.*;
import java.util.*;
public class ServerItem {
   public static void main(String args[]) {
      ServerSocket server=null;
      ServerThread thread;
      Socket you=null;
      while(true) {
          try{  server=【代码 3】//创建在端口 4331 上负责监听的 ServerSocket 对象
          }
          catch(IOException e1) {
               System.out.println("正在监听");
          }
          try{  System.out.println("正在等待客户");
                you=【代码 4】 //server 调用 accept()返回和客户端相连接的 Socket 对象
                System.out.println("客户的地址:"+you.getInetAddress());
          }
         catch(IOException e) {
               System.out.println(""+e);
         }
         if(you!=null) {
               new ServerThread(you).start();
         }
```

```
            }
        }
    }
    class ServerThread extends Thread {
       Socket socket;
       DataInputStream in=null;
       DataOutputStream out=null;
       ServerThread(Socket t) {
          socket=t;
          try{ out=new DataOutputStream(socket.getOutputStream());
                in=new DataInputStream(socket.getInputStream());
               }
          catch(IOException e) {}
       }
       public void run() {
          try{
              String item=in.readUTF();
              Scanner scanner=new Scanner(item);
              scanner.useDelimiter("[^0123456789.]+");
              if(item.startsWith("账单")) {
                double sum=0;
                while(scanner.hasNext()){
                 try{  double price=scanner.nextDouble();
                       sum=sum+price;
                       System.out.println(price);
                 }
                 catch(InputMismatchException exp){
                      String t=scanner.next();
                 }
               }
               out.writeUTF("您的账单:");
               out.writeUTF(item);
               out.writeUTF("总额:"+sum+"元");
             }
          }
          catch(Exception exp){}
       }
    }
```

❻ 实验指导

（1）套接字连接中涉及输入流和输出流操作，客户端或服务器读取数据可能会引起堵塞，因此应该把读取数据放在一个单独的线程中去进行。另外，服务器端收到一个客户的套接字后，就应该启动一个专门为该客户服务的线程。

（2）Socket 对象调用 public void connect(SocketAddress endpoint) throws IOException()方法可以和参数 endpoint 指定的 SocketAddress 地址建立套接字连接。

❼ 实验后的练习

改进服务器端程序，使得用户还可以发送如下格式的货品明细给服务器：

```
货品  宽 90 厘米 高 69 厘米 长 156 厘米
```

服务器返回给客户的信息是：

```
货品 宽 90 厘米 高 69 厘米 长 156 厘米
体积: 968760 立方厘米
```

❽ 填写实验报告

实验编号：1302 学生姓名： 实验时间： 教师签字：

实验效果评价	A	B	C	D	E
模板完成情况					
实验后的练习效果评价	A	B	C	D	E
练习完成情况					
总评					

实验 3　读取服务器端的窗口

❶ 相关知识点

与实验 2 相同。

❷ 实验目的

学会使用套接字读取服务器端的对象。

❸ 实验要求

客户端利用套接字连接将服务器端的 JFrame 对象读取到客户端。首先将服务器端的程序编译通过，并运行起来，等待请求套接字连接。

❹ 程序运行效果

程序运行效果如图 13.3 所示。

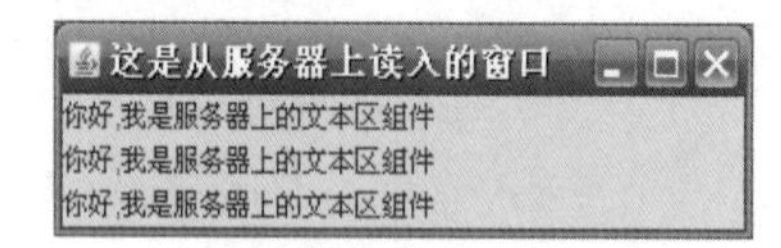

（a）客户端

客户的地址:/127.0.0.1
正在监听
客户的地址:/127.0.0.1
正在监听

（b）服务器端

图 13.3　客户端和服务器端

❺ 程序模板

请按模板要求将【代码】替换为 Java 程序代码。

客户端模板：Client.java

```
import java.io.*;
import java.net.*;
import java.util.*;
public class Client  {
   public static void main(String args[]) {
      Scanner scanner=new Scanner(System.in);
      Socket mysocket=null;
      ObjectInputStream inObject=null;
      ObjectOutputStream outObject=null;
      Thread thread;
      ReadWindow readWindow=null;
      try{  mysocket=new Socket();
```

```
            readWindow=new ReadWindow();
            thread=new Thread(readWindow);          //负责读取信息的线程
            System.out.print("输入服务器的 IP:");
            String IP=scanner.nextLine();
            System.out.print("输入端口号:");
            int port=scanner.nextInt();
            if(mysocket.isConnected()){}
            else{
              InetAddress address=InetAddress.getByName(IP);
              InetSocketAddress socketAddress=new InetSocketAddress(address,
              port);
              mysocket.connect(socketAddress);
              InputStream in=【代码 1】//mysocket 调用 getInputStream()返回输入流
              OutputStream out=【代码 2】//mysocket 调用 getOutputStream()返回输出流
              inObject=new ObjectInputStream(in);
              outObject=new ObjectOutputStream(out);
              readWindow.setObjectInputStream(inObject);
              thread.start();                        //启动负责读取窗口的线程
            }
        }
        catch(Exception e) {
            System.out.println("服务器已断开"+e);
        }
    }
}
class ReadWindow implements Runnable {
   ObjectInputStream in;
   public void setObjectInputStream(ObjectInputStream in) {
      this.in=in;
   }
   public void run() {
      double result=0;
      while(true) {
        try{ javax.swing.JFrame window=(javax.swing.JFrame)in.readObject();
             window.setTitle("这是从服务器上读入的窗口");
             window.setVisible(true);
             window.requestFocusInWindow();//requestFocus();
             window.setSize(600,800);

        }
        catch(Exception e) {
             System.out.println("与服务器已断开"+e);
             break;
        }
      }
   }
}
```

服务器端模板：Server.java

```
import java.io.*;
import java.net.*;
import java.util.*;
```

```
import java.awt.*;
import javax.swing.*;
public class Server {
   public static void main(String args[]) {
      ServerSocket server=null;
      ServerThread thread;
      Socket you=null;
      while(true) {
          try{  server=【代码 3】//创建在端口 4331 上负责监听的 ServerSocket 对象
          }
          catch(IOException e1) {
               System.out.println("正在监听");
          }
          try{ you=【代码 4】//server 调用 accept()返回和客户端相连接的 Socket 对象
                System.out.println("客户的地址:"+you.getInetAddress());
          }
          catch(IOException e) {
                System.out.println("正在等待客户");
          }
         if(you!=null) {
            new ServerThread(you).start();
         }
      }
   }
}
class ServerThread extends Thread {
   Socket socket;
   ObjectInputStream in=null;
   ObjectOutputStream out=null;
   JFrame window;
   JTextArea text;
   ServerThread(Socket t) {
      socket=t;
      try{ out=new ObjectOutputStream(socket.getOutputStream());
            in=new ObjectInputStream(socket.getInputStream());
      }
      catch(IOException e) {}
      window=new JFrame();
      text=new JTextArea();
      for(int i=1;i<=20;i++) {
         text.append("你好,我是服务器上的文本区组件\n");
      }
      text.setBackground(Color.yellow);
      window.add(text);
      window.setDefaultCloseOperation(JFrame.EXIT_ON_CLOSE);
   }
   public void run() {
      try{  out.writeObject(window);
      }
      catch(IOException e) {
         System.out.println("客户离开");
      }
```

```
    }
}
```

❻ 实验指导

在使用套接字读取对象时，应将套接字的流和对象流连接在一起。

❼ 实验后的练习

改进程序使得客户端能读入两个窗口。

❽ 填写实验报告

实验编号：1303 学生姓名： 实验时间： 教师签字：

实验效果评价	A	B	C	D	E
模板完成情况					
实验后的练习效果评价	A	B	C	D	E
练习完成情况					
总评					

实验 4 与服务器玩猜数游戏

❶ 相关知识点

与实验 2 相同。

❷ 实验目的

学会使用套接字读取服务器端的对象。

❸ 实验要求

客户端和服务器建立套接字连接后，服务器向客户发送一个 1～100 的随机数，用户将自己的猜测发送给服务器，服务器向用户发送信息“猜大了”“猜小了”或“猜对了”。

❹ 程序运行效果

程序运行效果如图 13.4 所示。

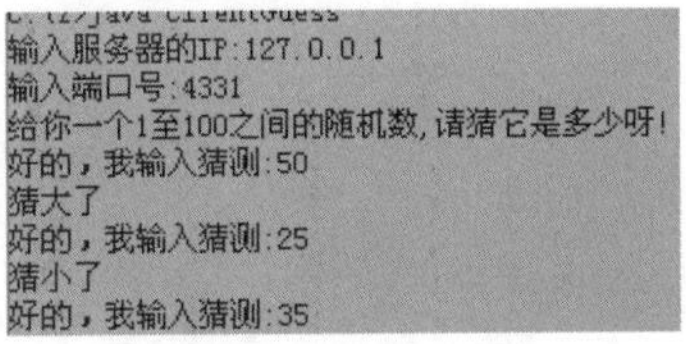

```
输入服务器的IP:127.0.0.1
输入端口号:4331
给你一个1至100之间的随机数,请猜它是多少呀!
好的，我输入猜测:50
猜大了
好的，我输入猜测:25
猜小了
好的，我输入猜测:35
```

（a）客户端

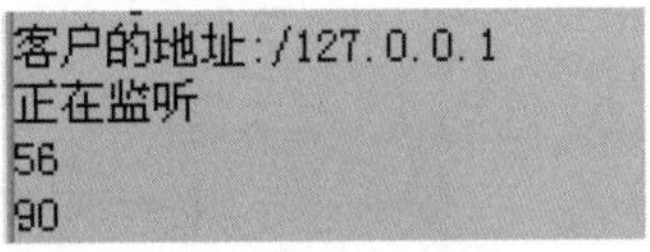

```
客户的地址:/127.0.0.1
正在监听
56
90
```

（b）服务器端

图 13.4 客户端和服务器端

❺ 程序模板

请按模板要求将【代码】替换为 Java 程序代码。

客户端模板：ClientGuess.java

```
import java.io.*;
import java.net.*;
import java.util.*;
public class ClientGuess  {
   public static void main(String args[]) {
```

```
        Scanner scanner=new Scanner(System.in);
        Socket mysocket=null;
        DataInputStream inData=null;
        DataOutputStream outData=null;
        Thread thread;
        ReadNumber readNumber=null;
        try{  mysocket=new Socket();
             readNumber=new ReadNumber();
             thread=new Thread(readNumber);   //负责读取信息的线程
             System.out.print("输入服务器的 IP:");
             String IP=scanner.nextLine();
             System.out.print("输入端口号:");
             int port=scanner.nextInt();
             if(mysocket.isConnected()){}
             else{
               InetAddress address=InetAddress.getByName(IP);
               InetSocketAddress socketAddress=new InetSocketAddress(address,
               port);
               mysocket.connect(socketAddress);
               InputStream in=【代码 1】//mysocket 调用 getInputStream()返回输入流
               OutputStream out=【代码 2】//mysocket 调用 getOutputStream()返回输出流
               inData=new DataInputStream(in);
               outData=new DataOutputStream(out);
               readNumber.setDataInputStream(inData);
               readNumber.setDataOutputStream(outData);
               thread.start();  //启动负责读取随机数的线程
             }
         }
         catch(Exception e) {
             System.out.println("服务器已断开"+e);
         }
      }
   }
   class ReadNumber implements Runnable {
      Scanner scanner=new Scanner(System.in);
      DataInputStream in;
      DataOutputStream out;
      public void setDataInputStream(DataInputStream in) {
         this.in=in;
      }
      public void setDataOutputStream(DataOutputStream out) {
         this.out=out;
      }
      public void run() {
         try {
            out.writeUTF("Y");
            while(true) {
               String str=in.readUTF();
               System.out.println(str);
               if(!str.startsWith("询问")) {
                  if(str.startsWith("猜对了"))
                     continue;
```

```
                System.out.print("好的, 我输入猜测:");
                int myGuess=scanner.nextInt();
                String enter=scanner.nextLine(); //消耗多余的回车符
                out.writeInt(myGuess);
            }
            else {
              System.out.print("好的,我输入 Y 或 N:");
              String myAnswer=scanner.nextLine();
              out.writeUTF(myAnswer);
            }
        }
      }
      catch(Exception e) {
          System.out.println("与服务器已断开"+e);
          return;
      }
    }
}
```

服务器端模板：ServerNumber.java

```
import java.io.*;
import java.net.*;
import java.util.*;
public class ServerNumber {
   public static void main(String args[]) {
      ServerSocket server=null;
      ServerThread thread;
      Socket you=null;
      while(true) {
          try{  server=【代码 3】//创建在端口 4331 上负责监听的 ServerSocket 对象
          }
          catch(IOException e1) {
             System.out.println("正在监听");
          }
          try{you=【代码 4】//server 调用 accept()返回和客户端相连接的 Socket 对象
                System.out.println("客户的地址:"+you.getInetAddress());
          }
          catch(IOException e) {
                System.out.println("正在等待客户");
          }
          if(you!=null) {
                new ServerThread(you).start();
          }
      }
   }
}
class ServerThread extends Thread {
   Socket socket;
   DataInputStream in=null;
   DataOutputStream out=null;
   ServerThread(Socket t) {
      socket=t;
```

```
        try{ out=new DataOutputStream(socket.getOutputStream());
                in=new DataInputStream(socket.getInputStream());
        }
        catch(IOException e) {}
    }
    public void run() {
        try{
              while(true) {
                 String str=in.readUTF();
                 boolean boo=str.startsWith("Y")||str.startsWith("y");
                 if(boo) {
                    out.writeUTF("给你一个 1 至 100 之间的随机数,请猜它是多少呀!");
                    Random random=new Random();
                    int realNumber=random.nextInt(100)+1;
                    handleClientGuess(realNumber);
                    out.writeUTF("询问:想继续玩输入 Y,否则输入 N:");
                 }
                 else {
                    return;
                 }
              }
        }
        catch(Exception exp){}
    }
    public void handleClientGuess(int realNumber){
          while(true) {
             try{  int clientGuess=in.readInt();
                   System.out.println(clientGuess);
                   if(clientGuess>realNumber)
                      out.writeUTF("猜大了");
                   else if(clientGuess<realNumber)
                      out.writeUTF("猜小了");
                   else if(clientGuess==realNumber) {
                      out.writeUTF("猜对了! ");
                      break;
                   }
             }
             catch(IOException e) {
                   System.out.println("客户离开");
                   return;
             }
          }
    }
}
```

❻ 实验指导

服务器经常需要根据用户提供的不同信息做出不同的选择，为此服务器经常需要使用判断语句分析所读入的信息。

❼ 实验后的练习

改进服务器端程序，使得程序能向客户发送用户所猜测的次数。

❽ 填写实验报告

实验编号：1304 学生姓名： 实验时间： 教师签字：

实验效果评价	A	B	C	D	E
模板完成情况					
实验后的练习效果评价	A	B	C	D	E
练习完成情况					
总评					

实验 5 传输图像

❶ 相关知识点

基于 UDP 的通信和基于 TCP 的通信不同，基于 UDP 的通信的信息传递更快，但不提供可靠性保证。也就是说，数据在传输时用户无法知道数据能否正确到达目的地主机，也不能确定数据到达目的地的顺序是否和发送的顺序相同。可以把 UDP 通信比作邮递信件，人们不能肯定所发的信件一定能够到达目的地，也不能肯定到达的顺序是发出时的顺序，可能因为某种原因导致后发出的先到达，另外也不能确定对方收到信就一定会回信。既然 UDP 是一种不可靠的协议，为什么还要使用它呢？如果要求数据必须绝对准确地到达目的地，显然不能选择 UDP 来通信。但有时候人们需要较快速地传输信息，并能容忍小的错误，这时就可以考虑使用 UDP。

基于 UDP 通信的基本模式如下：

（1）将数据封装在数据包中，然后将数据包发往目的地。

（2）接收数据包，然后查看数据包中的内容。

❷ 实验目的

掌握 DatagramSocket 类的使用。

❸ 实验要求

编写客户端/服务器（C/S）程序，客户端使用 DatagramSocket 对象将数据包发送到服务器，请求获取服务器端的图像。服务器端将图像文件封装在数据包中，并使用 DatagramSocket 对象将该数据包发送到客户端。首先将服务器端的程序编译通过，并运行起来，等待客户的请求。

❹ 程序运行效果

程序运行效果如图 13.5 所示。

（a）客户端

客户的地址:/127.0.0.1
正在等待

（b）服务器端

图 13.5 客户端和服务器端

❺ 程序模板

请按模板要求将【代码】替换为 Java 程序代码。

客户端模板：ClientImage.java

```
import java.net.*;
import java.awt.*;
import java.awt.event.*;
import java.io.*;
import javax.swing.*;
class ImageCanvas extends Canvas {
   Image image=null;
   public ImageCanvas() {
      setSize(200,200);
   }
   public void paint(Graphics g) {
      if(image!=null)
        g.drawImage(image,0,0,this);
   }
   public void setImage(Image image) {
      this.image=image;
   }
}
public class ClientGetImage extends JFrame implements Runnable,Action-
Listener {
   JButton b=new JButton("获取图像");
   ImageCanvas canvas;
   ClientGetImage() {
      super("I am a client");
      setSize(320,200);
      setVisible(true);
      b.addActionListener(this);
      add(b,BorderLayout.NORTH);
      canvas=new ImageCanvas();
      add(canvas,BorderLayout.CENTER);
      Thread thread=new Thread(this);
      validate();
      setDefaultCloseOperation(JFrame.EXIT_ON_CLOSE);
      thread.start();
   }
   public void actionPerformed(ActionEvent event) {
      byte b[]="请发图像".trim().getBytes();
      try{  InetAddress address=InetAddress.getByName("127.0.0.1");
            DatagramPacket data=【代码 1】  //创建 data,该数据包的目标地址和端口分别
                                             //是 address 和 1234,其中的数据为数组 b 的
                                             //全部字节
            DatagramSocket mailSend=【代码 2】//创建负责发送数据的 mailSend 对象
            【代码 3】 //mailSend 发送数据 data
         }
      catch(Exception e){}
   }
```

```
    public void run() {
      DatagramPacket pack=null;
      DatagramSocket mailReceive=null;
      byte b[]=new byte[8192];
      ByteArrayOutputStream out=new ByteArrayOutputStream();
      try{    pack=new DatagramPacket(b,b.length);
            mailReceive=【代码 4】 //创建在端口 5678 负责收取数据包的 mailReceive 对象
        }
      catch(Exception e){}
      try{   while(true)
            { mailReceive.receive(pack);
              String message=new String(pack.getData(),0,pack.getLength());
              if(message.startsWith("end")) {
                 break;
              }
              out.write(pack.getData(),0,pack.getLength());
            }
         byte imagebyte[]=out.toByteArray();
         out.close();
         Toolkit tool=getToolkit();
         Image image=tool.createImage(imagebyte);
         canvas.setImage(image);
         canvas.repaint();
         validate();
        }
      catch(IOException e){}
    }
    public static void main(String args[]) {
      new ClientGetImage();
    }
}
```

服务器端模板：ServerImage.java

```
import java.net.*;
import java.io.*;
public class ServerImage {
    public static void main(String args[]) {
      DatagramPacket pack=null;
      DatagramSocket mailReceive=null;
      ServerThread thread;
      byte b[]=new byte[8192];
      InetAddress address=null;
      pack=new DatagramPacket(b,b.length);
      while(true) {
         try{  mailReceive=new DatagramSocket(1234);
         }
         catch(IOException e1) {
              System.out.println("正在等待");
         }
         try{  mailReceive.receive(pack);
```

```
                    address=pack.getAddress();
                    System.out.println("客户的地址:"+address);
                }
                catch(IOException e) {}
               if(address!=null) {
                   new ServerThread(address).start();
               }
           }
        }
    }
    class ServerThread extends Thread {
       InetAddress address;
       DataOutputStream out=null;
       DataInputStream  in=null;
       String s=null;
       ServerThread(InetAddress address) {
          this.address=address;
       }
       public void run() {
          FileInputStream in;
          byte b[]=new byte[8192];
          try{  in=new  FileInputStream("a.jpg");
                int n=-1;
                while((n=in.read(b))!=-1) {
                  DatagramPacket data=new DatagramPacket(b,n,address,5678);
                  DatagramSocket mailSend=new DatagramSocket();
                  mailSend.send(data);
                }
                in.close();
                byte end[]="end".getBytes();
                DatagramPacket data=new DatagramPacket(end,end.length,address,
                5678);
                DatagramSocket mailSend=new DatagramSocket();
                mailSend.send(data);
          }
          catch(Exception e){}
       }
    }
```

❻ 实验指导

（1）基于 UDP 的通信和基于 TCP 的通信不同，基于 UDP 的通信的信息传递更快，但不提供可靠性保证。也就是说，数据在传输时用户无法知道数据能否正确到达目的地主机，也不能确定数据到达目的地的顺序是否和发送的顺序相同。

（2）基于 UDP 通信的基本模式是创建数据包，然后将数据包发往目的地；接收数据包，然后查看数据包中的内容。

❼ 实验后的练习

将上述程序改成用户从服务器获取一个文本文件的内容，并显示在客户端。

❽ 填写实验报告

实验编号：1305　学生姓名：　　实验时间：　　教师签字：

实验效果评价	A	B	C	D	E
模板完成情况					
实验后的练习效果评价	A	B	C	D	E
练习完成情况					
总评					

实验答案

实验 1：

【代码 1】url=new URL(name);

【代码 2】url.getHost();

【代码 3】url.openStream();

实验 2：

【代码 1】clientSocket.getInputStream();

【代码 2】clientSocket.getOutputStream();

【代码 3】new ServerSocket(4331);

【代码 4】server.accept();

实验 3：

【代码 1】mysocket.getInputStream();

【代码 2】mysocket.getOutputStream();

【代码 3】new ServerSocket(4331);

【代码 4】server.accept();

实验 4：

【代码 1】mysocket.getInputStream();

【代码 2】mysocket.getOutputStream();

【代码 3】new ServerSocket(4331);

【代码 4】server.accept();

实验 5：

【代码 1】new DatagramPacket(b,b.length, address,1234);

【代码 2】new DatagramSocket();

【代码 3】mailSend.send(data);

【代码 4】new DatagramSocket(5678);

自 测 题

1．URL 对象调用哪个方法可以返回一个指向该 URL 对象所包含的资源的输入流？

2．ServerSocket 对象调用 accept()方法返回一个什么类型的对象？

3．InetAddress 对象使用怎样的格式来表示自己封装的地址信息？

4．请写出一个 C 类 IP 地址。

答案：

1．public InputStream openStrem()

2．Socket 对象

3．用形如“域名/IP”的格式表示它包含的地址信息。

4．192.168.2.100

上机实践 14 图形、图像与音频

源码下载

实验 1 转动的风扇

❶ **相关知识点**

Graphics2D 是 Graphics 类的子类，它把直线、圆等作为一个对象来绘制。也就是说，如果想用一个 Graphics2D 类型的“画笔”来画一个圆，就必须先创建一个圆的对象。

重写 Component 类的 paint(Graphics g)方法在组件上绘制图形。

假设 Graphics2d 对象为 g_2d，绘制旋转图形的步骤如下：

（1）使用 AffineTransform 类创建一个对象。

```
AffineTransform trans=new AffineTransform();
```

（2）进行需要的变换。例如，把一个矩形绕点（100,100）顺时针旋转 60°。

```
trans.rotate(60.0*3.1415927/180,100,100);
```

（3）将变换对象传递给 Graphics2d 对象。

```
g_2d.setTransform(trans);
```

（4）绘制旋转的图形。

g_2d.draw(rect)绘制的就是旋转后的矩形。

❷ **实验目的**

本实验的目的是让学生掌握怎样旋转图形。

❸ **实验要求**

编写一个 Java 应用程序，绘制转动的风扇。

❹ **程序运行效果**

程序运行效果如图 14.1 所示。

图 14.1 转动的风扇

❺ **程序模板**

请阅读、调试模板代码，然后完成实验后的练习。

Fan.java

```
import javax.swing.*;
import java.awt.*;
import java.awt.geom.*;
import java.awt.event.*;
class MyCanvas extends JPanel implements ActionListener{
   javax.swing.Timer timer;
   Arc2D arc1,arc2,arc3,arc4,arc5;
   Line2D line;
```

```
    Ellipse2D ellipse;
    AffineTransform trans;
    BasicStroke bs;
    MyCanvas() {
       arc1=new Arc2D.Double(60,60,100,100,0,20,Arc2D.PIE);
       arc2=new Arc2D.Double(60,60,100,100,72,20,Arc2D.PIE);
       arc3=new Arc2D.Double(60,60,100,100,144,20,Arc2D.PIE);
       arc4=new Arc2D.Double(60,60,100,100,216,20,Arc2D.PIE);
       arc5=new Arc2D.Double(60,60,100,100,288,20,Arc2D.PIE);
       line=new Line2D.Double(110,110,110,190);
       ellipse=new Ellipse2D.Double(100,100,20,20);
       bs=new BasicStroke(8f,BasicStroke.CAP_SQUARE,BasicStroke.JOIN_ROUND);
       trans=new AffineTransform();
       timer=new javax.swing.Timer(10,this);
       timer.start();
    }
    public void actionPerformed(ActionEvent e) {
       repaint();
    }
    public void paint(Graphics g) {
       g.clearRect(0,0,this.getBounds().width,this.getBounds().height);
       Graphics2D g_2d=(Graphics2D)g;
       g_2d.setStroke(bs);
       g_2d.setColor(Color.blue);
       g_2d.draw(line);
       g_2d.setColor(Color.black);
       g_2d.fill(ellipse);
       trans.rotate(2.0*Math.PI/180,110,110);
       g_2d.setTransform(trans);
       g_2d.fill(arc1);
       g_2d.fill(arc2);
       g_2d.fill(arc3);
       g_2d.fill(arc4);
       g_2d.fill(arc5);
    }
 }
 public class Fan{
    public static void main(String args[]) {
       JFrame win=new JFrame();
       win.setSize(400,400);
       win.add(new MyCanvas());
       win.setVisible(true);
       win.setDefaultCloseOperation(JFrame.EXIT_ON_CLOSE);
    }
 }
```

❻ 实验指导

执行 repaint()方法的效果是再次执行 paint()方法。

❼ 实验后的练习

参考本实验绘制转动的正方形，或转动一个自己喜欢的图形。

❽ 填写实验报告

实验编号：1401　学生姓名：　　实验时间：　　教师签字：

实验效果评价	A	B	C	D	E
模板完成情况					
实验后的练习效果评价	A	B	C	D	E
练习完成情况					
总评					

实验 2　绘制与保存五角星

❶ 相关知识点

（1）用 java.awt.image 包中的 BufferedImage 类建立一个 BufferedImage 对象。

（2）BufferedImage 对象调用 createGraphics()获得一个 Graphic 对象。

（3）Graphics2D 对象调用相应的方法绘制图形，比如多边形。

（4）javax.imageio 包中的 ImageIO 类的静态方法将图像写入文件。

❷ 实验目的

掌握怎样使用 Java 程序绘制图形并保存成图像。

❸ 实验要求

绘制一个五角星图形（一种特殊的多边形），并将图形存放到名字是 fiveStar.jpg 的图像文件中。

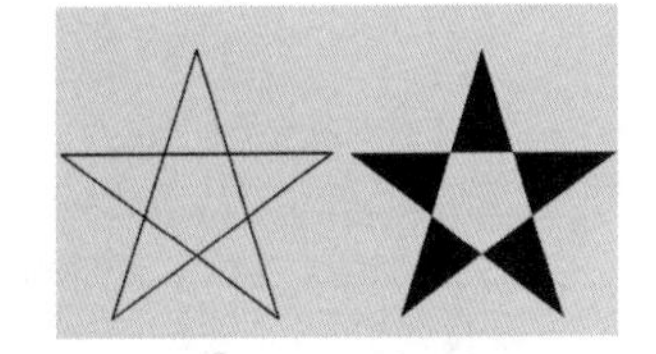

图 14.2　fiveStar.bmp

❹ 程序运行效果

程序保存的图像文件如图 14.2 所示。

❺ 程序模板

请阅读、调试模板代码，然后完成实验后的练习。

JPG.java

```
import java.io.File;
import java.awt.image.BufferedImage;
import javax.imageio.ImageIO;
import java.awt.*;
import java.awt.geom.*;
class PaintCanvas {
   BufferedImage image;
   Graphics2D g_2d;
   PaintCanvas() {
      image=new BufferedImage(1000,900,BufferedImage.TYPE_INT_RGB);
      g_2d=(Graphics2D)image.createGraphics();
      int pointX[]=new int[5];
      int pointY[]=new int[5];
      pointX[0]=0;
      pointY[0]=-200;
      int shiftX=200;
      int shiftY=400;
      Polygon polygon1=new Polygon();
      Polygon polygon2=new Polygon();
```

```
            double arcAngle=(72*Math.PI)/180;
            for(int i=1;i<5;i++){
               pointX[i]=(int)(pointX[i-1]*Math.cos(arcAngle)-pointY[i-1]*Math.sin
(arcAngle));
               pointY[i]=(int)(pointY[i-1]*Math.cos(arcAngle)+pointX[i-1]*Math.sin
(arcAngle));
               System.out.println(pointX[i]+","+pointY[i]);
            }
            polygon1.addPoint(pointX[0]+shiftX,pointY[0]+shiftY);
            polygon1.addPoint(pointX[2]+shiftX,pointY[2]+shiftY);
            polygon1.addPoint(pointX[4]+shiftX,pointY[4]+shiftY);
            polygon1.addPoint(pointX[1]+shiftX,pointY[1]+shiftY);
            polygon1.addPoint(pointX[3]+shiftX,pointY[3]+shiftY);
                                                  //绘制五角星时要注意点的顺序
            g_2d.setColor(Color.red);
            g_2d.draw(polygon1);
            polygon2.addPoint(pointX[0]+3*shiftX,pointY[0]+shiftY);
            polygon2.addPoint(pointX[2]+3*shiftX,pointY[2]+shiftY);
            polygon2.addPoint(pointX[4]+3*shiftX,pointY[4]+shiftY);
            polygon2.addPoint(pointX[1]+3*shiftX,pointY[1]+shiftY);
            polygon2.addPoint(pointX[3]+3*shiftX,pointY[3]+shiftY);
            g_2d.fill(polygon2);
         }
         public BufferedImage getImage() {
            return image;
         }
      }
      public class Image {
        public static void main(String args[]) {
           File file=new File("fiveStar.bmp");  //目的地
           try{
                PaintCanvas draw= new PaintCanvas();
                BufferedImage image=draw.getImage();
                ImageIO.write(image,"bmp",file);
           }
           catch(Exception e) { }
        }
      }
```

❻ 实验指导

BufferedImage 图像的默认底色为黑色，如果不希望使用该底色，可以让 Graphic 对象在图像上事先填充一个其他颜色的矩形。

❼ 实验后的练习

制作一个自己喜欢的图形并保存为 JPG 图像。

❽ 填写实验报告

实验编号：1402 学生姓名：　　实验时间：　　教师签字：

实验效果评价	A	B	C	D	E
模板完成情况					
实验后的练习效果评价	A	B	C	D	E
练习完成情况					
总评					

实验 3　基于图像的小动画

❶ 相关知识点

组件调用 setIcon(Icon image)可以显示一幅图像在当前组件上。在编写程序时可以使用实现 Icon 接口的 ImageIcon 类创建 Image 对象。

❷ 实验目的

掌握怎样在 Java 程序中使用组件显示图像。

❸ 实验要求

预备 10 幅逐渐变化的图像，命名为 tree0.jpg、tree1.jpg、…、tree9.jpg。让组件每隔 500 毫秒显示一幅图像，实现动画效果。

❹ 程序运行效果

程序运行效果如图 14.3 所示。

图 14.3　小动画

❺ 程序模板

请阅读、调试模板代码，然后完成实验后的练习。

Cartoon.java

```
import java.awt.*;
import java.awt.event.*;
import javax.swing.*;
class TimeWin extends JFrame implements ActionListener {
   JButton bStart,bStop,imageButton;
   Timer time;
   int n=0,start=1,count;
   ImageIcon imageIcon[];
   TimeWin() {
     time=new Timer(500,this);   //TimeWin 对象作为计时器的监视器
     imageIcon=new ImageIcon[10];
     count=imageIcon.length;
     for(int i=0;i<count;i++)
        imageIcon[i]=new ImageIcon("tree"+i+".jpg");
     imageButton=new JButton(imageIcon[0]);
     bStart=new JButton("开始播放");
     bStop=new JButton("暂停播放");
     bStart.addActionListener(this);
     bStop.addActionListener(this);
     JPanel con=new JPanel();
     con.add(bStart);
     con.add(bStop);
     add(con,BorderLayout.SOUTH);
     add(imageButton,BorderLayout.CENTER);
     setDefaultCloseOperation(JFrame.EXIT_ON_CLOSE);
     setSize(500,500);
     validate();
     setVisible(true);
   }
   public void actionPerformed(ActionEvent e) {
      if(e.getSource()==time) {
```

```
            n=(n+1)%count;
            imageButton.setIcon(imageIcon[n]);
         }
         else if(e.getSource()==bStart) {
            time.start();
         }
         else if(e.getSource()==bStop) {
            time.stop();
         }
      }
   }
public class Cartoon {
   public static void main(String args[]) {
      TimeWin Win=new TimeWin();
   }
}
```

❻ 实验指导

可以使用任何组件显示图像，例如可以用 JLabel 显示图像。

❼ 实验后的练习

利用若干图像制作一个自己喜欢的动画。

❽ 填写实验报告

实验编号：1403 学生姓名： 实验时间： 教师签字：

实验效果评价	A	B	C	D	E
模板完成情况					
实验后的练习效果评价	A	B	C	D	E
练习完成情况					
总评					

自 测 题

1. Graphics2D 对象使用什么方法填充图形？
2. 圆弧分几种类型？
3. 调试下列程序，说出程序是怎样判断一个点在多边形内的。

```
import java.awt.*;
import javax.swing.*;
import java.awt.geom.*;
import java.awt.event.*;
class MyCanvas extends JPanel {
   int px[]={140,200,120,10,34,200},py[]={10,220,260,100,67,89},x,y;
   boolean ok;
   Polygon polygon=new Polygon(px,py,px.length);
   TextField text=new TextField(12);
   MyCanvas() {
     add(text);
      addMouseListener(new MouseAdapter() {
                         public void mousePressed(MouseEvent e) {
```

```
                            x=(int)e.getX();
                            y=(int)e.getY();
                            if(polygon.contains(x,y)) {
                               text.setText("在多边形内按下鼠标");
                               ok=true;
                               repaint();
                            }
                            else {
                               text.setText("在多边形外按下鼠标");
                               ok=false;
                               repaint();
                            }
                       }};
  }
  public void paint(Graphics g) {
     g.clearRect(0,0,this.getBounds().width,this.getBounds().height);
     g.setColor(Color.green);
      Graphics2D g_2d=(Graphics2D)g;
     if(ok)
       g_2d.fill(polygon);
  }
}
public class E {
   public static void main(String args[]) {
      JFrame f=new JFrame();
      f.setSize(500,450);
      f.setVisible(true);
      MyCanvas canvas=new MyCanvas();
      f.add(canvas,"Center");
      f.validate();
      f.setDefaultCloseOperation(JFrame.DISPOSE_ON_CLOSE);
  }
}
```

答案：

1．fill(Shape s)方法。

2．开弧、弓弧和饼弧。

3．多边形调用 boolean contains(int m,int n)方法判断点(m,n)是否在多边形内。

源码下载

上机实践 15 泛型与集合框架

实验 1 搭建流水线

❶ 相关知识点

如果对象 a 含有对象 b 的引用，对象 b 含有对象 c 的引用，那么就可以使用 a、b、c 搭建流水线。流水线的作用是用户只需将要处理的数据交给流水线，流水线会依次让流水线上的对象来处理数据，即流水线上首先由对象 a 处理数据，a 处理数据后，自动将处理的数据交给 b，b 处理数据后，自动将处理的数据交给 c。

❷ 实验目的

本实验的目的是让学生掌握怎样搭建符合特殊用途的链式结构数据。

❸ 实验要求

程序有时候需要将任务按流水线进行，例如评判体操选手的任务按流水线的 3 个步骤为录入裁判给选手的分数，去掉一个最高分和一个最低分，计算出平均成绩。编写程序搭建流水线，只需将评判体操选手的任务交给流水线即可。

❹ 程序运行效果

程序运行效果如图 15.1 所示。

```
请输入裁判数
5
请输入各个裁判的分数
19.987
19.76
19.802
19.99
19.15
去掉一个最高分:19.99,去掉一个最低分19.76
选手最后得分19.884749999999997
```

图 15.1 流水作业

❺ 程序模板

请认真阅读模板代码，然后根据模板完成练习。

GymnasticGame.java

```
public class GymnasticGame {
  public static void main(String args[]){
      StreamLine line=new  StreamLine();
      double []a=new double[1];
      line.giveResult(a);
  }
}
```

DoThing.java

```
public abstract class DoThing {
   public abstract void doThing(double []a);
   public abstract void setNext(DoThing next);
}
```

DoInput.java

```
import java.util.*;
public class DoInput extends DoThing {
   DoThing nextDoThing;
   public void setNext(DoThing next) {
      nextDoThing=next;
   }
   public void doThing(double[]a) {
      System.out.println("请输入裁判数");
      Scanner read=new Scanner(System.in);
      int count=read.nextInt();
      System.out.println("请输入各个裁判的分数");
      a=new double[count];
      for(int i=0;i<count;i++) {
           a[i]=read.nextDouble();
      }
      nextDoThing.doThing(a);
   }
}
```

DelMaxAndMin.java

```
import java.util.*;
public class DelMaxAndMin extends DoThing {
   DoThing nextDoThing;
   public void setNext(DoThing next) {
      nextDoThing=next;
   }
   public void doThing(double[]a) {
      Arrays.sort(a);
      double [] b=Arrays.copyOfRange(a,1,a.length);
      System.out.print("去掉一个最高分:"+b[b.length-1]+",");
      System.out.println("去掉一个最低分"+b[0]);
      nextDoThing.doThing(b);
   }
}
```

ComputerAver.java

```
public class ComputerAver extends DoThing {
   DoThing nextDoThing;
   public void setNext(DoThing next) {
      nextDoThing=next;
   }
   public void doThing(double[]a) {
      double sum=0;
      for(int i=0;i<a.length;i++)
          sum=sum+a[i];
      double aver=sum/a.length;
      System.out.print("选手最后得分"+aver);
   }
}
```

StreamLine.java

```
public class StreamLine {
   private DoThing one,two,three;
   StreamLine(){
      one=new DoInput();
      two=new DelMaxAndMin();
      three=new ComputerAver();
      one.setNext(two);
      two.setNext(three);
   }
   public void giveResult(double a[]){
      one.doThing(a);
   }
}
```

❻ 实验指导

流水线上的对象要实现同样的接口或是同一个类的子类。

❼ 实验后的练习

参照本实验的模板设计一个流水线。

❽ 填写实验报告

实验编号：1501　学生姓名：　　实验时间：　　教师签字：

实验效果评价	A	B	C	D	E
模板完成情况					
实验后的练习效果评价	A	B	C	D	E
练习完成情况					
总评					

实验 2　排序与查找

❶ 相关知识点

程序可能经常需要对链表按照某种大小关系排序，以便查找一个对象是否和链表中某个结点上的对象相等。java.util 包中的 Collections 类提供了几个类方法，用来处理实现了 List 接口的数据结构的排序与元素的查找。LinkedList 和 ArrayList 都是实现 List 接口的类，二者的区别是 ArrayList 使用顺序结构存储数据，LinkedList 使用链式结构存储数据。Collections 类提供的用于排序方法是 public static sort(List list)，该方法可以将 list 结点中的对象升序排列。sort()方法要求 list 结点中存放的对象是实现 java.lang 包中 Comparable 接口的类的实例，只有这样 sort()方法才能知道怎样比较这些实例的大小。

有时需要查找链表中是否含有和指定对象相等的对象，那么首先要对链表排序，然后使用 Collections 类提供的 int binarySearch(List list,Object key,Comparable c)方法查找排序后的链表 list 中是否含有和 key 指定对象相等的对象。参数 key 指定的对象以及 list 中的对象应当是实现 java.lang 包中 Comparable 接口的类的实例。如果链表 list 中含有和 key 指定的对象相等的对象，binarySearch()方法返回一个非负整数，否则返回一个负整数。

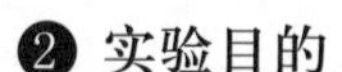

② 实验目的

本实验的目的是让学生掌握 sort(List list)、int binarySearch(List list, Object key, Comparable c)方法的使用。

③ 实验要求

编写一个 Book 类，该类至少有 price 成员变量。该类要实现 Comparable 接口，在接口的 compareTo()方法中规定 Book 类的两个实例的大小关系为两者的 price 成员的大小关系。

编写一个主类 SortSearchMainClass，在 main()方法中将 Book 类的若干个对象存放到一个链表中，然后用 Book 类创建一个新的对象，并检查这个对象和链表中的哪些对象相等。

④ 程序运行效果

程序运行效果如图 15.2 所示。

新书:Java与模式(29.0)与下列图书:
C++基础教程(29.0)
Java基础教程(29.0)
数据库技术(29.0)
价钱相同.

图 15.2　排序与查找

⑤ 程序模板

阅读下列模板并上机调试。

Book.java

```
public class Book implements Comparable {
   double price;
   String name;
   public void setPrice(double c) {
     price=c;
   }
   public double getPrice() {
      return price;
   }
   public void setName(String n) {
      name=n;
   }
   public String getName() {
     return name;
   }
   public int compareTo(Object object) {
      Book bk=(Book)object;
      int difference=(int)((this.getPrice()-bk.getPrice())*10000);
      return difference;
   }
}
```

MainClass.java

```
import java.util.*;
public class MainClass {
   public static void main(String args[]) {
      List<Book> bookList=new LinkedList<Book>();
      String bookName[]={"Java 基础教程","XML 基础教程","JSP 基础教程","C++基础教
      程","J2ME 编程","操作系统","数据库技术"};
      double bookPrice[]={29,21,22,29,34,32,29};
      Book book[]=new Book[bookName.length];
      for(int k=0;k<book.length;k++) {
         book[k]=new Book();
```

```
            book[k].setName(bookName[k]);
            book[k].setPrice(bookPrice[k]);
            bookList.add(book[k]);
         }
        Book newBook=new Book();
        newBook.setPrice(29);
        newBook.setName("Java 与模式");
        Collections.sort(bookList);
        int m=-1;
        System.out.println("新书:"+newBook.getName()+"("+newBook.getPrice()+
        ")与下列图书:");
        while((m=Collections.binarySearch(bookList,newBook,null))>=0) {
            Book bk=bookList.get(m);
            System.out.println("\t"+bk.getName()+"("+bk.getPrice()+")");
            bookList.remove(m);
        }
        System.out.println("价钱相同.");
    }
}
```

❻ 实验指导

如果链表中有多个对象和指定的对象大小相同，就必须反复使用 binarySearch()方法进行查找。需要注意的是，当再次使用 binarySearch()方法时必须从链表中删除先前找到的和指定对象大小相同的对象所在的结点。

❼ 实验后的练习

请将 MainClass 类中的 LinkedList 类用 ArrayList 替换。

❽ 填写实验报告

实验编号：1502 学生姓名： 实验时间： 教师签字：

实验效果评价	A	B	C	D	E
模板完成情况					
实验后的练习效果评价	A	B	C	D	E
练习完成情况					
总评					

实验 3　使用 TreeSet 排序

❶ 相关知识点

TreeSet 类是实现 Set 接口的类，它的大部分方法都是接口方法的实现，TreeSet 类创建的对象称作树集。树集是由一些结点组成的数据结构。当使用构造方法 TreeSet()创建树集后再用 add()方法增加结点时，结点会按其存放的数据的“大小”顺序一层一层地依次排列，在同一层中的结点从左到右按照从小到大递增排列，下一层的都比上一层的小。结点中存放的对象应当是实现 java.lang 包中 Comparable 接口的类的实例，只有这样才能使得树集知道怎样比较这些实例的大小。

❷ 实验目的

本实验的目的是让学生掌握 TreeSet 类的使用。

❸ **实验要求**

编写一个应用程序，用户分别从两个文本框输入学生的姓名和分数，程序按成绩排序将这些学生的姓名和分数显示在一个文本区中。

❹ **程序运行效果**

程序运行效果如图 15.3 所示。

图 15.3　按成绩排序

❺ **程序模板**

请按模板要求将【代码】替换为 Java 程序代码。

Student.java

```
public class Student implements Comparable  {
   String name;
   int score;
   Student(String name,int score) {
      this.name=name;
      this.score=score;
   }
   public int compareTo(Object b) {
      Student st=(Student)b;
      int m=this.score-st.score;
      if(m!=0)
       return m;
      else
       return 1;
   }
   public int getScore() {
      return score;
   }
   public String getName() {
      return name;
   }
}
```

StudentFrame.java

```
import java.awt.*;
import java.awt.event.*;
import java.util.*;
import javax.swing.*;
public class StudentFrame extends JFrame implements ActionListener {
    JTextArea showArea;
    JTextField inputName,inputScore;
    JButton button;
    TreeSet<Student> treeSet;
    StudentFrame() {
       treeSet=【代码 1】 //使用无参数构造方法创建 treeSet
       showArea=new JTextArea();
       showArea.setFont(new Font("",Font.BOLD,20));
       inputName=new JTextField(5);
       inputScore=new JTextField(5);
```

```
        button=new JButton("确定");
        button.addActionListener(this);
        JPanel pNorth=new JPanel();
        pNorth.add(new JLabel("Name:"));
        pNorth.add(inputName);
        pNorth.add(new JLabel("Score:"));
        pNorth.add(inputScore);
        pNorth.add(button);
        add(pNorth,BorderLayout.NORTH);
        add(showArea,BorderLayout.CENTER);
        setSize(300,320);
        setVisible(true);
        validate();
        setDefaultCloseOperation(JFrame.EXIT_ON_CLOSE);
    }
    public void actionPerformed(ActionEvent e) {
        String name=inputName.getText();
        int score=0;
        try{ score=Integer.parseInt(inputScore.getText().trim());
             if(name.length()>0) {
                Student stu=new Student(name,score);
                【代码 2】 //treeSet 添加 stu
                show(treeSet);
             }
        }
        catch(NumberFormatException exp) {
             inputScore.setText("请输入数字字符");
        }
    }
    public void show(TreeSet tree) {
        showArea.setText(null);
        Iterator<Student> te=treeSet.iterator();
        while(te.hasNext()) {
           Student stu=【代码 3】 //te 返回其中的下一个元素
           showArea.append("Name:"+stu.getName()+" Score: "+stu.getScore()+
           "\n");
        }
    }
    public static void main(String args[]) {
        new StudentFrame();
    }
}
```

❻ 实验指导

当使用树集对一个类创建的某些对象进行排序时，如果该类实现了 Comparable 接口，那么可以把这些对象添加到一个使用 TreeSet 类的无参数构造方法所创建的树集中。

❼ 实验后的练习

请在 StudentFrame 中增加一个按钮 saveButton，并将 saveButton 添加到窗体的南面。单击 saveButton 可以将 showArea 中的内容保存到名字为 schoolReport.txt 的文件中。

❽ 填写实验报告

实验编号：1503　学生姓名：　　实验时间：　　教师签字：

实验效果评价	A	B	C	D	E
模板完成情况					
实验后的练习效果评价	A	B	C	D	E
练习完成情况					
总评					

实验 4　扫雷小游戏

❶ 相关知识点

使用 LinkedList 类可以创建链表结构的数据对象。链表是由若干个结点组成的一种数据结构，每个结点含有一个数据和下一个结点的引用（单链表），或含有一个数据并含有上一个结点的引用和下一个结点的引用（双链表），结点的索引从 0 开始。链表适合动态地改变它存储的数据，例如增加、删除结点等。

❷ 实验目的

本实验的目的是让学生掌握 LinkedList 类的常用方法。

❸ 实验要求

编写一个 Block 类，Block 对象具有 String 类型和 boolean 类型的成员变量，Block 对象可以使用 setName(String)方法、getName()方法、isMine()方法、setIsMine(boolean)方法来设置对象的名字、返回该对象的名字、返回对象的 boolean 类型成员的值、设置对象的 boolean 类型成员的值。

编写一个 LayMines 类，该类提供一个 public void layMinesForBlock(Block block[][],int mineCount)方法，该方法可以随机地将参数 block 指定的二维数组中的 mineCount 个单元设置为“雷”。

编写一个 BlockView 类，该类的实例为 Block 对象提供视图。

编写 MineMainFrame 窗体类，该类将 Block 类的实例和 BlockView 类的实例作为成员，并负责二者之间的交互。

❹ 程序运行效果

程序运行效果如图 15.4 所示。

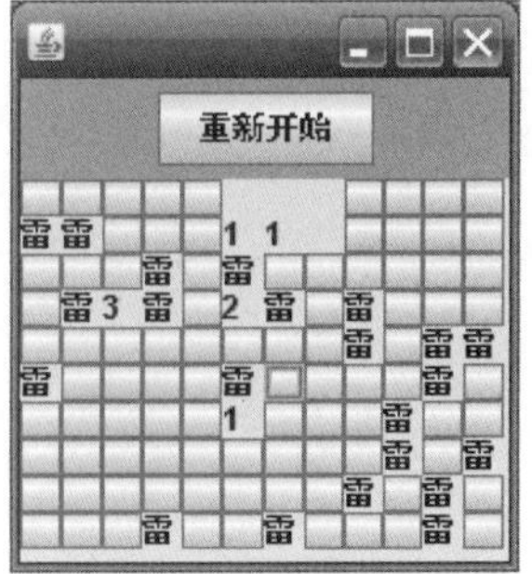

图 15.4　扫雷

❺ 程序模板

请按模板要求将【代码】替换为 Java 程序代码。

Block.java

```
public class Block {
   String name;
   int number;
   boolean boo=false;
   public void setName(String name) {
      this.name=name;
   }
   public void setNumber(int n) {
```

```
        number=n;
    }
    public int getNumber() {
        return number;
    }
    public String getName() {
       return name;
    }
    boolean isMine() {
       return boo;
    }
    public void setIsMine(boolean boo) {
     this.boo=boo;
    }
}
```

LayMines.java

```
import java.util.*;
public class LayMines {
   public void layMinesForBlock(Block block[][],int mineCount) {
      int row=block.length;
      int column=block[0].length;
      LinkedList<Block> list=【代码 1】 //创建空链表 list
      for(int i=0;i<row;i++) {
         for(int j=0;j<column;j++)
            【代码 2】 //list 添加结点，其中的数据为 block[i][j]
      }
      while(mineCount>0) {
         int size=【代码 3】 //list 返回结点的个数
         int randomIndex=(int)(Math.random()*size);
         Block b=【代码 4】 //list 返回索引为 randomIndex 的结点中的数据
         b.setName("雷");
         b.setIsMine(true);
         list.remove(randomIndex);
         mineCount--;
      }
      for(int i=0;i<row;i++) {
         for(int j=0;j<column;j++) {
           if(block[i][j].isMine()){}
           else {
             int mineNumber=0;
             for(int k=Math.max(i-1,0);k<=Math.min(i+1,row-1);k++){
                 for(int t=Math.max(j-1,0);t<=Math.min(j+1,column-1);t++){
                    if(block[k][t].isMine())
                        mineNumber++;
                 }
             }
             if(mineNumber>0){
               block[i][j].setName(""+mineNumber);
               block[i][j].setNumber(mineNumber);
             }
             else {
```

```
              block[i][j].setName(" ");
              block[i][j].setNumber(mineNumber);
            }
          }
        }
      }
   }
}
```

BlockView.java

```
import java.awt.*;
import javax.swing.*;
public class BlockView extends JPanel {
   JLabel blockName;
   JButton blockCover;
   CardLayout card;
   BlockView() {
     card=new CardLayout();
     setLayout(card);
     blockName=new JLabel();
     blockCover=new JButton();
     add("cover",blockCover);
     add("name",blockName);
   }
   public void setName(String name) {
     blockName.setText(name);
   }
   public String getName() {
     return blockName.getText();
   }
   public void seeBlockName() {
      card.show(this,"name");
      validate();
   }
   public void seeBlockCover() {
      card.show(this,"cover");
      validate();
   }
   public JButton getBlockCover() {
      return blockCover;
   }
}
```

MineMainFrame.java

```
import java.awt.*;
import java.awt.event.*;
import javax.swing.*;
public class MineMainFrame extends JFrame implements ActionListener {
   JButton reStart;
   Block block[][];
   BlockView blockView[][];
```

```
LayMines lay;
int row=10,column=12,mineCount=22;
int colorSwitch=0;
JPanel pCenter,pNorth;
public MineMainFrame() {
   reStart=new JButton("重新开始");
   pCenter=new JPanel();
   pNorth=new JPanel();
   pNorth.setBackground(Color.cyan);
   block=new Block[row][column];
   for(int i=0;i<row;i++) {
      for(int j=0;j<column;j++)
         block[i][j]=new Block();
   }
   lay=new LayMines();
   lay.layMinesForBlock(block,mineCount);
   blockView=new BlockView[row][column];
   pCenter.setLayout(new GridLayout(row,column));
   for(int i=0;i<rown;i++) {
     for(int j=0;j<column;j++) {
          blockView[i][j]=new BlockView();
          blockView[i][j].setName(block[i][j].getName());
          pCenter.add(blockView[i][j]);
          blockView[i][j].getBlockCover().addActionListener(this);
     }
   }
  reStart.addActionListener(this);
  pNorth.add(reStart);
  add(pNorth,BorderLayout.NORTH);
  add(pCenter,BorderLayout.CENTER);
  setSize(200,232);
  setVisible(true);
  validate();
  setDefaultCloseOperation(JFrame.EXIT_ON_CLOSE);
}
public void actionPerformed(ActionEvent e) {
  JButton source=(JButton)e.getSource();
  if(source!=reStart) {
    int m=-1,n=-1;
    for(int i=0;i<row;i++) {
      for(int j=0;j<column;j++) {
        if(source==blockView[i][j].getBlockCover()) {
           m=i;
           n=j;
           break;
        }
      }
    }
    if(block[m][n].isMine()) {
      for(int i=0;i<row;i++) {
         for(int j=0;j<column;j++) {
           blockView[i][j].getBlockCover().removeActionListener(this);
```

```
                if(block[i][j].isMine())
                  blockView[i][j].seeBlockName();
             }
          }
        }
        else {
           if(block[m][n].getNumber()>0)
             blockView[m][n].seeBlockName();
           else if(block[m][n].getNumber()==0)
           for(int k=Math.max(m-1,0);k<=Math.min(m+1,rown-1);k++) {
              for(int t=Math.max(n-1,0);t<=Math.min(n+1,column-1);t++)
                blockView[k][t].seeBlockName();
           }
        }
      }
      if(source==reStart) {
         for(int i=0;i<row;i++) {
           for(int j=0;j<column;j++)
              block[i][j].setIsMine(false);
         }
         lay.layMinesForBlock(block,mineCount);
         for(int i=0;i<row;i++) {
           for(int j=0;j<column;j++) {
               blockView[i][j].setName(block[i][j].getName());
               blockView[i][j].seeBlockCover();
               blockView[i][j].getBlockCover().addActionListener(this);
           }
         }
      }
   }
   public static void main(String args[]) {
      new MineMainFrame();
   }
}
```

❻ 实验指导

链表使用 iterator()方法获取一个 Iterator 对象，该对象就是针对当前链表的迭代器。

❼ 实验后的练习

请在 MineMainFrame 类中增加 3 个文本框 inputRow、inputColumn、inputMineCount 和一个按钮 enter，将这些组件添加到一个 JPanel 容器中，然后将 JPanel 容器添加到窗口的下面。用户使用 inputRow、inputColumn、inputMineCount 输入雷区的行数、列数和雷的数目等数据，按 Enter 键确定。

❽ 填写实验报告

实验编号：1504　学生姓名：　　实验时间：　　教师签字：

实验效果评价	A	B	C	D	E
模板完成情况					
实验后的练习效果评价	A	B	C	D	E
练习完成情况					
总评					

实验答案

实验 3：

【代码 1】new TreeSet<Student>();

【代码 2】treeSet.add(stu);

【代码 3】te.next();

实验 4：

【代码 1】new LinkedList<Block>();

【代码 2】list.add(block[i][j]);

【代码 3】list.size();

【代码 4】list.get(randomIndex);

自 测 题

1．LinkedList 链表和 ArrayList 数组表有什么不同？

2．在下列 E 类中，System.out.println 的输出结果是什么？

```
import java.util.*;
public class E {
   public static void main(String args[]) {
      LinkedList list=new LinkedList();
      for(int k=1;k<=10;k++)
         list.add(new Integer(k));

      list.remove(5);
      list.remove(5);
      Integer m=(Integer)list.get(5);
      System.out.println(m.intValue());
  }
}
```

3．在下列 E 类中 System.out.println 的输出结果是什么？

```
import java.util.*;
public class E {
   public static void main(String args[]) {
      Stack mystack1=new Stack(),
         mystack2=new Stack();
      StringBuffer bu=new StringBuffer();
      for(char c='A';c<='D';c++)
         mystack1.push(new Character(c));
      while(!(mystack1.empty())) {
         Character temp=(Character)mystack1.pop();
          mystack2.push(temp);
      }
      while(!(mystack2.empty())) {
          Character temp=(Character)mystack2.pop();
```

```
            bu.append(temp.charValue());
        }
        System.out.println(bu);
    }
}
```

答案：

1．两者的本质区别就是 LinkedList 使用链式存储结构，ArrayList 使用顺序存储结构。

2．8

3．ABCD

第二部分

习题解答

习题 1（第 1 章）

一、判断题

1.（√） 2.（×） 3.（×） 4.（√） 5.（√） 6.（×） 7.（×）

二、单选题

1. B 2. D 3. A 4. C 5. C

三、挑错题

1. D 2. A 3. B

四、阅读程序题

（1）Speak.java

（2）两个字节码文件，Speak.class 和 Xiti4.class

（3）Xiti4

（4）错误：在类 Speak 中找不到 main 方法

习题 2（第 2 章）

一、判断题

1.（×） 2.（√） 3.（√） 4.（×） 5.（√） 6.（√） 7.（√） 8.（√） 9.（×） 10.（×）

二、单选题

1. B 2. A 3. C 4. A 5. D 6. B 7. B 8. D

三、挑错题

1. D 2. A 3. B 4. C

四、阅读程序题

1. 属于操作题，解答略。
2. 属于操作题，解答略。
3. 属于操作题，解答略。
4. 【代码 1】：4；【代码 2】：b[0]=1
5. 【代码 1】：40；【代码 2】：7

五、编程题

1.
```
public class E {
   public static void main(String args[]) {
     System.out.println((int)'你');
     System.out.println((int)'我');
     System.out.println((int)'他');
   }
}
```

2.
```
public class E {
   public static void main(String args[]) {
      char cStart='α',cEnd='ω';
      for(char c=cStart;c<=cEnd;c++)
        System.out.print(" "+c);
   }
}
```

习题3（第3章）

一、判断题

1.（×） 2.（√） 3.（√） 4.（×） 5.（√） 6.（√） 7.（√） 8.（√） 9.（×） 10.（×）

二、单选题

1. A 2. C 3. B 4. C 5. C 6. C

三、挑错题

1. D 2. B 3. D

四、阅读程序题

1. 你，苹，甜 2. Jeep好好 3. x=-5，y=-1

五、编程题

1.
```
public class Xiti1 {
   public static void main(String args[]) {
      double sum=0,a=1;
      int i=1;
      while(i<=20) {
         sum=sum+a;
         i++;
         a=a*i;
      }
      System.out.println("sum="+sum);
   }
}
```

2.
```
public class Xiti2 {
  public static void main(String args[]) {
     int i,j;
```

```
        for(j=2;j<=100;j++) {
            for(i=2;i<=j/2;i++) {
                if(j%i==0)
                    break;
            }
            if(i>j/2) {
                System.out.print(" "+j);
            }
        }
    }
}
```

3.
```
Public class Xiti3 {
  public static void main(String args[]) {
    double sum=0,a=1,i=1;
    do {sum=sum+a;
        i++;
        a=(1.0/i)*a;
    }
    while(i<=20);
    System.out.println("使用 do-while 循环计算的 sum="+sum);
    for(sum=0,i=1,a=1;i<=20;i++) {
        a=a*(1.0/i);
        sum=sum+a;
    }
    System.out.println("使用 for 循环计算的 sum="+sum);
  }
}
```

4.
```
public class Xiti4 {
  public static void main(String args[]) {
    int sum=0,i,j;
    for(i=1;i<=1000;i++) {
      for(j=1,sum=0;j<i;j++) {
        if(i%j==0)
            sum=sum+j;
      }
      if(sum==i)
        System.out.println("完数:"+i);
    }
  }
}
```

5.
```
public class Xiti5 {
  public static void main(String args[]) {
    int m=8,item=m,i=1;
    long sum=0;
    for(i=1,sum=0,item=m;i<=10;i++) {
      sum=sum+item;
      item=item*10+m;
    }
    System.out.println(sum);
```

```
    }
}
```

6.
```
public class Xiti6 {
  public static void main(String args[]) {
      int n=1;
      long sum=0;
      while(true) {
        sum=sum+n;
        n++;
        if(sum>=8888)
          break;
      }
      System.out.println("满足条件的最大整数:"+(n-1));
   }
}
```

习题 4（第 4 章）

一、判断题

1.（√） 2.（√） 3.（√） 4.（×） 5.（√） 6.（√） 7.（√） 8.（√） 9.（×） 10.（×）

二、单选题

1. B 2. D 3. D 4. D 5. A 6. C

三、挑错题

1. B 2. C 3. C

四、阅读程序题

1.【代码 1】：1；【代码 2】：121；【代码 3】：121

2. sum=-100

3. 27

4.【代码 1】：100；【代码 2】：20.0。

5. 上机实习题目，解答略。

6. 上机实习题目，解答略。

五、编程题

CPU.java

```
public class CPU {
   int speed;
   int getSpeed() {
      return speed;
   }
   public void setSpeed(int speed) {
      this.speed=speed;
   }
}
```

HardDisk.java

```
public class HardDisk {
   int amount;
   int getAmount() {
      return amount;
   }
   public void setAmount(int amount) {
      this.amount=amount;
   }
}
```

PC.java

```
public class PC {
    CPU cpu;
    HardDisk HD;
    void setCPU(CPU cpu) {
       this.cpu=cpu;
    }
     void setHardDisk(HardDisk HD) {
       this.HD=HD;
    }
    void show(){
       System.out.println("CPU速度:"+cpu.getSpeed());
       System.out.println("硬盘容量:"+HD.getAmount());
    }
}
```

Test.java

```
public class Test {
   public static void main(String args[]) {
      CPU cpu=new CPU();
      HardDisk HD=new HardDisk();
      cpu.setSpeed(2200);
      HD.setAmount(200);
      PC pc=new PC();
      pc.setCPU(cpu);
      pc.setHardDisk(HD);
      pc.show();
    }
}
```

习题5（第5章）

一、判断题

1.（×） 2.（√） 3.（×） 4.（√） 5.（×） 6.（√） 7.（√） 8.（√） 9.（×） 10.（×）

二、选择题

1. C 2. D 3. CD 4. D 5. B 6. B 7. D 8. B 9. A

三、挑错题

1. B 2. D

四、阅读程序题

1.【代码1】：15.0；【代码2】：8.0

2.【代码1】：11；【代码2】：11

3.【代码1】：98.0；【代码2】：12；【代码3】：98.0；【代码4】：9

4.【代码1】：120；【代码2】：120；【代码3】：-100

五、编程题

Animal.java

```
public abstract class Animal {
    public abstract void cry();
    public abstract String getAnimalName();
}
```

Simulator.java

```
public class Simulator {
   public void playSound(Animal animal) {
      System.out.print("现在播放"+animal.getAnimalName()+"类的声音:");
      animal.cry();
   }
}
```

Dog.java

```
public class Dog extends Animal {
   public void cry() {
      System.out.println("汪汪...汪汪");
   }
   public String getAnimalName() {
      return "狗";
   }
}
```

Cat.java

```
public class Cat extends Animal {
   public void cry() {
      System.out.println("喵喵...喵喵");
   }
   public String getAnimalName() {
      return "猫";
   }
}
```

Application.java

```
public class Application {
   public static void main(String args[]) {
      Simulator simulator=new Simulator();
      simulator.playSound(new Dog());
      simulator.playSound(new Cat());
   }
}
```

习题 6（第 6 章）

一、判断题

1.（×） 2.（×） 3.（√） 4.（×） 5.（√）

二、选择题

1. D 2. AB 3. A

三、挑错题

1. D 2. D

四、阅读程序题

1.【代码 1】：15.0；【代码 2】：8

2.【代码 1】：18；【代码 2】：15

3.【代码】：100:101

五、编程题

Animal.java

```
public interface Animal {
    public abstract void cry();
    public abstract String getAnimalName();
}
```

Simulator.java

```
public class Simulator {
   public void playSound(Animal animal) {
       System.out.print("现在播放"+animal.getAnimalName()+"类的声音:");
       animal.cry();
   }
}
```

Dog.java

```
public class Dog implements Animal {
   public void cry() {
      System.out.println("汪汪...汪汪");
   }
   public String getAnimalName() {
      return "狗";
```

```
    }
}
```

Cat.java

```
public class Cat implements Animal {
   public void cry() {
      System.out.println("喵喵...喵喵");
   }
   public String getAnimalName() {
      return "猫";
   }
}
```

Application.java

```
public class Application {
   public static void main(String args[]) {
      Simulator simulator=new Simulator();
      simulator.playSound(new Dog());
      simulator.playSound(new Cat());
   }
}
```

习题 7（第 7 章）

一、判断题

1.（√） 2.（√） 3.（√） 4.（√） 5.（√） 6.（×） 7.（×） 8.（√） 9.（×） 10.（√）

二、选择题

1. A 2. B 3. C

三、挑错题

1. C 2. C

四、阅读程序题

1. 大家好，祝工作顺利！
2. p 是接口变量
3. 你好 fine thanks
4. 100:101
5. 我是红牛

五、编程题

```
import java.util.*;
public class E {
    public static void main(String args[]){
      Scanner reader=new Scanner(System.in);
      double sum=0;
      int m=0;
```

```
        while(reader.hasNextDouble()){
            double x=reader.nextDouble();
            assert x<=100&&x>=0:"数据不合理";
            m=m+1;
            sum=sum+x;
        }
        System.out.printf("%d个数的和为%f\n",m,sum);
        System.out.printf("%d个数的平均值是%f\n",m,sum/m);
    }
}
```

习题8（第8章）

一、判断题

1.（√） 2.（×） 3.（√） 4.（×） 5.（√） 6.（√） 7.（√） 8.（√） 9.（×） 10.（√）

二、选择题

1. A 2. C 3. B 4. D 5. C

三、阅读程序题

1.【代码】：苹果

2.【代码】：Love:Game

3.【代码1】：15；【代码2】：abc我们

4.【代码】：13579

5.【代码】：9javaHello

6. 属于上机实习程序，解答略。

7. 属于上机实习程序，解答略。

四、编程题

1.
```
public class E {
  public static void main(String args[]) {
     String s1,s2,t1="ABCDabcd";
     s1=t1.toUpperCase();
     s2=t1.toLowerCase();
     System.out.println(s1);
     System.out.println(s2);
     String s3=s1.concat(s2);
      System.out.println(s3);
   }
}
```

2.
```
public class E {
  public static void main(String args[]) {
     String s="ABCDabcd";
     char cStart=s.charAt(0);
     char cEnd=s.charAt(s.length()-1);
     System.out.println(cStart);
```

```
        System.out.println(cEnd);
      }
   }
```

3.
```
import java.util.*;
public class E {
  public static void main(String args[]) {
    int year1,month1,day1,year2,month2,day2;
      try{year1=Integer.parseInt(args[0]);
          month1=Integer.parseInt(args[1]);
          day1=Integer.parseInt(args[2]);
          year2=Integer.parseInt(args[3]);
          month2=Integer.parseInt(args[4]);
          day2=Integer.parseInt(args[5]);
      }
      catch(NumberFormatException e)
        {year1=2012;
         month1=0;
         day1=1;
         year2=2018;
         month2=0;
         day2=1;
      }
      Calendar calendar=Calendar.getInstance();
      calendar.set(year1,month1-1,day1);
      long timeYear1=calendar.getTimeInMillis();
      calendar.set(year2,month2-1,day2);
      long timeYear2=calendar.getTimeInMillis();
      long 相隔天数=Math.abs((timeYear1-timeYear2)/(1000*60*60*24));
      System.out.println(""+year1+"年"+month1+"月"+day1+"日和"+
                         year2+"年"+month2+"月"+day2+"日相隔"+相隔天数+"天");
  }
}
```

4.
```
import java.util.*;
public class E {
  public static void main(String args[]) {
   double a=0,b=0,c=0;
      a=12;
      b=24;
      c=Math.asin(0.56);
      System.out.println(c);
      c=Math.cos(3.14);
      System.out.println(c);
      c=Math.exp(1);
      System.out.println(c);
      c=Math.log(8);
      System.out.println(c);
  }
}
```

5.
```
public class E {
    public static void main(String args[]) {
        String str="ab123you你是谁? ";
        String regex="\\D+";
        str=str.replaceAll(regex,"");
        System.out.println(str);
    }
}
```

6.
```
import java.util.*;
public class E {
   public static void main(String args[]) {
      String cost="数学87分，物理76分，英语96分";
      Scanner scanner=new Scanner(cost);
      scanner.useDelimiter("[^0123456789.]+");
      double sum=0;
      int count=0;
      while(scanner.hasNext()){
         try{double score=scanner.nextDouble();
             count++;
             sum=sum+score;
             System.out.println(score);
         }
         catch(InputMismatchException exp){
             String t=scanner.next();
         }
      }
      System.out.println("总分:"+sum+"分");
      System.out.println("平均分:"+sum/count+"分");
   }
}
```

习题9（第9章）

一、问答题

1. Frame容器的默认布局是BorderLayout布局。
2. 不可以。
3. ActionEvent。
4. DocumentEvent。
5. 5个。
6. MouseMotionListener。

二、选择题

1. A　2. A　3. A

三、编程题

1.
```
import java.awt.*;
import javax.swing.event.*;
```

```
import javax.swing.*;
import java.awt.event.*;
public class E {
   public static void main(String args[]) {
      Computer fr=new Computer();
   }
}
class Computer extends JFrame implements DocumentListener {
   JTextArea text1,text2;
   int count=1;
   double sum=0,aver=0;
   Computer() {
      setLayout(new FlowLayout());
      text1=new JTextArea(6,20);
      text2=new JTextArea(6,20);
      add(new JScrollPane(text1));
      add(new JScrollPane(text2));
      text2.setEditable(false);
      (text1.getDocument()).addDocumentListener(this);
      setSize(300,320);
      setVisible(true);
      validate();
      setDefaultCloseOperation(JFrame.DISPOSE_ON_CLOSE);
   }
   public void changedUpdate(DocumentEvent e) {
      String s=text1.getText();
      String []a=s.split("[^0123456789.]+");
      sum=0;
      aver=0;
      for(int i=0;i<a.length;i++) {
        try {sum=sum+Double.parseDouble(a[i]);
        }
        catch(Exception ee) {}
     }
     aver=sum/count;
     text2.setText(null);
     text2.append("\n 和:"+sum);
     text2.append("\n 平均值:"+aver);
   }
   public void removeUpdate(DocumentEvent e){
      changedUpdate(e);
   }
   public void insertUpdate(DocumentEvent e){
      changedUpdate(e);
   }
}
```

2.
```
import java.awt.*;
import javax.swing.event.*;
import javax.swing.*;
import java.awt.event.*;
public class E {
```

```
    public static void main(String args[]) {
       ComputerFrame fr=new ComputerFrame();
    }
  }
  class ComputerFrame extends JFrame implements ActionListener {
    JTextField text1,text2,text3;
    JButton buttonAdd,buttonSub,buttonMul,buttonDiv;
    JLabel label;
    public ComputerFrame() {
     setLayout(new FlowLayout());
     text1=new JTextField(10);
     text2=new JTextField(10);
     text3=new JTextField(10);
     label=new JLabel(" ",JLabel.CENTER);
     label.setBackground(Color.green);
     add(text1);
     add(label);
     add(text2);
     add(text3);
     buttonAdd=new JButton("加");
     buttonSub=new JButton("减");
     buttonMul=new JButton("乘");
     buttonDiv=new JButton("除");
     add(buttonAdd);
     add(buttonSub);
     add(buttonMul);
     add(buttonDiv);
     buttonAdd.addActionListener(this);
     buttonSub.addActionListener(this);
     buttonMul.addActionListener(this);
     buttonDiv.addActionListener(this);
     setSize(300,320);
     setVisible(true);
     validate();
     setDefaultCloseOperation(JFrame.DISPOSE_ON_CLOSE);
    }
    public void actionPerformed(ActionEvent e) {
      double n;
      if(e.getSource()==buttonAdd) {
         double n1,n2;
         try{n1=Double.parseDouble(text1.getText());
              n2=Double.parseDouble(text2.getText());
              n=n1+n2;
              text3.setText(String.valueOf(n));
              label.setText("+");
            }
         catch(NumberFormatException ee)
            { text3.setText("请输入数字字符");
            }
       }
      else if(e.getSource()==buttonSub) {
         double n1,n2;
```

```
          try{n1=Double.parseDouble(text1.getText());
              n2=Double.parseDouble(text2.getText());
              n=n1-n2;
              text3.setText(String.valueOf(n));
              label.setText("-");
            }
          catch(NumberFormatException ee)
            { text3.setText("请输入数字字符");
            }
        }
        else if(e.getSource()==buttonMul)
         {double n1,n2;
          try{n1=Double.parseDouble(text1.getText());
              n2=Double.parseDouble(text2.getText());
              n=n1*n2;
              text3.setText(String.valueOf(n));
              label.setText("*");
            }
          catch(NumberFormatException ee)
            { text3.setText("请输入数字字符");
            }
         }
         else if(e.getSource()==buttonDiv)
         {double n1,n2;
          try{n1=Double.parseDouble(text1.getText());
              n2=Double.parseDouble(text2.getText());
              n=n1/n2;
              text3.setText(String.valueOf(n));
              label.setText("/");
            }
          catch(NumberFormatException ee)
            { text3.setText("请输入数字字符");
            }
         }
        validate();
     }
  }
```

3.
```
import java.awt.*;
import java.awt.event.*;
import javax.swing.*;
public class E {
   public static void main(String args[]){
      Window win=new Window();
      win.setTitle("使用 MVC 结构");
      win.setBounds(100,100,420,260);
   }
}
class Window extends JFrame implements ActionListener {
   Ladder ladder;                                     //模型
   JTextField textAbove,textBottom,textHeight;   //视图
   JTextArea showArea;                                //视图
```

```
    JButton controlButton;                        //控制器
    Window() {
       init();
       setVisible(true);
       setDefaultCloseOperation(JFrame.EXIT_ON_CLOSE);
    }
    void init() {
      lader=new Lader();
      textAbove=new JTextField(5);
      textBottom=new JTextField(5);
      textHeight=new JTextField(5);
      showArea=new JTextArea();
      controlButton=new JButton("计算面积");
      JPanel pNorth=new JPanel();
      pNorth.add(new JLabel("上底:"));
      pNorth.add(textAbove);
      pNorth.add(new JLabel("下底:"));
      pNorth.add(textBottom);
      pNorth.add(new JLabel("高:"));
      pNorth.add(textHeight);
      pNorth.add(controlButton);
      controlButton.addActionListener(this);
      add(pNorth,BorderLayout.NORTH);
      add(new JScrollPane(showArea),BorderLayout.CENTER);
    }
    public void actionPerformed(ActionEvent e) {
      try{
         double above=Double.parseDouble(textAbove.getText().trim());
         double bottom=Double.parseDouble(textBottom.getText().trim());
         double height=Double.parseDouble(textHeight.getText().trim());
         lader.setAbove(above);
         lader.setBottom(bottom);
         lader.setHeight(height);
         double area=lader.getArea();
         showArea.append("面积:"+area+"\n");
      }
      catch(Exception ex) {
         showArea.append("\n"+ex+"\n");
      }
    }
}
class Lader {
    double above,bottom,height;
    public double getArea() {
       double area=(above+bottom)*height/2.0;
       return area;
    }
    public void setAbove(double a) {
      above=a;
    }
   public void setBottom(double b) {
      bottom=b;
```

```
    }
    public void setHeight(double c) {
      height=c;
    }
}
```

习题 10（第 10 章）

一、问答题

1. 使用 FileInputStream。

2. FileInputStream 按字节读取文件，FileReader 按字符读取文件。

3. 不可以。

4. 在使用对象流写入或读入对象时要保证对象是序列化的。

5. 使用对象流很容易获取一个序列化对象的克隆，只需将该对象写入对象输出流，那么用对象输入流读回的对象一定是原对象的一个克隆。

二、选择题

1. C　2. B

三、阅读程序题

1. 【代码 1】：51；【代码 2】：0

2. 【代码 1】：3；【代码 2】：abc；【代码 3】：1；【代码 4】：dbc

3. 上机实习题，解答略。

四、编程题

1.

```
import java.io.*;
public class E {
   public static void main(String args[]) {
      File f=new File("E.java");;
      try{  RandomAccessFile random=new RandomAccessFile(f,"rw");
            random.seek(0);
            long m=random.length();
            while(m>=0) {
               m=m-1;
               random.seek(m);
               int c=random.readByte();
               if(c<=255&&c>=0)
                  System.out.print((char)c);
               else {
                 m=m-1;
                 random.seek(m);
                 byte cc[]=new byte[2];
                 random.readFully(cc);
                 System.out.print(new String(cc));
               }
            }
      }
      catch(Exception exp){}
```

```
      }
   }
```

2.
```
import java.io.*;
public class E {
   public static void main(String args[]) {
      File file=new File("E.java");
      File tempFile=new File("temp.txt");
      try{ FileReader inOne=new FileReader(file);
           BufferedReader inTwo=new BufferedReader(inOne);
           FileWriter tofile=new FileWriter(tempFile);
           BufferedWriter out=new BufferedWriter(tofile);
           String s=null;
           int i=0;
           s=inTwo.readLine();
           while(s!=null) {
               i++;
               out.write(i+" "+s);
               out.newLine();
               s=inTwo.readLine();
           }
           inOne.close();
           inTwo.close();
           out.flush();
           out.close();
           tofile.close();
      }
      catch(IOException e){}
   }
}
```

3.
```
import java.io.*;
import java.util.*;
public class E {
   public static void main(String args[]) {
      File file=new File("a.txt");
      Scanner sc=null;
      double sum=0;
      int count=0;
      try { sc=new Scanner(file);
            sc.useDelimiter("[^0123456789.]+");
            while(sc.hasNext()){
               try{ double price=sc.nextDouble();
                     count++;
                     sum=sum+price;
                     System.out.println(price);
               }
               catch(InputMismatchException exp){
                     String t=sc.next();
               }
            }
            System.out.println("平均价格:"+sum/count);
```

```
            }
            catch(Exception exp){
               System.out.println(exp);
            }
         }
      }
```

习题 11（第 11 章）

一、问答题

1．在 MySQL 安装目录的 bin 子目录下输入 mysqld 或 mysqld -nt 启动 MySQL 数据库服务器。

2．对于 JDK 8 版本，可以将数据库连接器保存到 JDK 的扩展目录中（即 JAVA_HOME 环境变量指定的 JDK），比如“E:\jdk1.8\jre\lib\ext”。如果无法复制数据库连接器到运行环境的扩展中（比如 Java 8 之后的版本），可以将数据库连接器 mysql-connector-java-8.0.21.jar 保存到程序所在的目录中，比如“C:\chapter11”中（建议重新命名为 mysqlcon.jar），使用-cp 参数如下运行应用程序（分号和主类之间必须至少留有一个空格）：

```
C:\chapter11>java -cp mysqlcon.jar;  主类
```

3．减轻数据库内部 SQL 语句解释器的负担。

4．事务由一组 SQL 语句组成，所谓事务处理，是指应用程序保证事务中的 SQL 语句要么全部都执行，要么一个也不执行。事务处理的步骤如下：

（1）连接对象用 setAutoCommit()方法关闭自动提交模式。

（2）连接对象用 commit()方法处理事务。

（3）连接对象用 rollback()方法处理事务失败。

二、编程题

1．同时用到了例子 2 中的 GetDBConnection 类。

```
import java.sql.*;
import java.sql.*;
public class BianCheng1 {
   public static void main(String args[]) {
      Connection con;
      Statement sql;
      ResultSet rs;
      con=GetDBConnection.connectDB("students","root","");
      if(con==null) return;
      String sqlStr="select * from mess order by birthday";
      try {
         sql=con.createStatement();
         rs=sql.executeQuery(sqlStr);
         while(rs.next()) {
            String number=rs.getString(1);
            String name=rs.getString(2);
            Date date=rs.getDate(3);
            float height=rs.getFloat(4);
```

```
            System.out.printf("%s\t",number);
            System.out.printf("%s\t",name);
            System.out.printf("%s\t",date);
            System.out.printf("%.2f\n",height);
         }
         con.close();
      }
      catch(SQLException e) {
         System.out.println(e);
      }
   }
}
```

2．同时用到了例子 6 中的 Query 类。

```
import javax.swing.*;
public class BianCheng2 {
   public static void main(String args[]) {
      String [] tableHead;
      String [][] content;
      JTable table;
      JFrame win=new JFrame();
      Query findRecord=new  Query();
      findRecord.setDatabaseName(args[0]);
      findRecord.setSQL("select * from "+args[1]);
      content=findRecord.getRecord();
      tableHead=findRecord.getColumnName();
      table=new JTable(content,tableHead);
      win.add(new JScrollPane(table));
      win.setBounds(12,100,400,200);
      win.setVisible(true);
      win.setDefaultCloseOperation(JFrame.EXIT_ON_CLOSE);
   }
}
```

习题 12（第 12 章）

一、问答题

1．4 种状态：新建、运行、中断和死亡。

2．有 4 种原因：①JVM 将 CPU 资源从当前线程切换给其他线程，使本线程让出 CPU 的使用权而处于中断状态。②线程使用 CPU 资源期间执行了 sleep(int millsecond)方法，使当前线程进入休眠状态。③线程使用 CPU 资源期间执行了 wait()方法，使得当前线程进入等待状态。④线程使用 CPU 资源期间执行某个操作进入阻塞状态，比如执行读写操作引起阻塞。

3．死亡状态，不能再调用 start()方法。

4．新建和死亡状态。

5．两种方法：用 Thread 类或其子类。

6．使用 setPriority(int grade)方法。

7. Java 使用户可以创建多个线程，在处理多线程问题时，用户必须注意这样一个问题：两个或多个线程同时访问同一个变量，并且一个线程需要修改这个变量。用户应对这样的问题作出处理，否则可能发生混乱。

8. 若一个线程使用的同步方法中用到某个变量，而此变量又需要其他线程修改后才能符合本线程的需要，那么可以在同步方法中使用 wait()方法。使用 wait()方法可以中断方法的执行，使本线程等待，暂时让出 CPU 的使用权，并允许其他线程使用这个同步方法。如果其他线程在使用这个同步方法时不需要等待，那么它使用完这个同步方法的同时，应当用 notifyAll()方法通知所有的由于使用这个同步方法而处于等待的线程结束等待。

9. 不合理。

10. "吵醒"休眠的线程。一个占有 CPU 资源的线程可以让休眠的线程调用 interrupt()方法"吵醒"自己，即导致休眠的线程发生 InterruptedException 异常，从而结束休眠，重新排队等待 CPU 资源。

二、选择题

1. A　2. A　3. B

三、阅读程序题

1. 属于上机调试题目，解答略。
2. 属于上机调试题目，解答略。
3. 属于上机调试题目，解答略。
4. 属于上机调试题目，解答略。
5. 属于上机调试题目，解答略。
6. 属于上机调试题目，解答略。
7. 【代码】：BA
8. 属于上机调试题目，解答略。

四、编程题

1.
```
public class E {
 public static void main(String args[]) {
       Cinema a=new Cinema();
        a.zhang.start();
        a.sun.start();
        a.zhao.start();
   }
}
class TicketSeller    //负责卖票的类
{  int fiveNumber=3,tenNumber=0,twentyNumber=0;
   public synchronized void  sellTicket(int receiveMoney)
   {  if(receiveMoney==5)
       {  fiveNumber=fiveNumber+1;
          System.out.println(Thread.currentThread().getName()+
          "给我 5 元钱，这是您的 1 张入场券");
       }
       else if(receiveMoney==10)
        { while(fiveNumber<1)
            {   try {  System.out.println(Thread.currentThread().getName()+
```

```
                "靠边等");
                    wait();
                    System.out.println(Thread.currentThread().getName()+
                    "结束等待");
                }
              catch(InterruptedException e) {}
            }
          fiveNumber=fiveNumber-1;
          tenNumber=tenNumber+1;
          System.out.println(Thread.currentThread().getName()+
          "给我 10 元钱,找您 5 元,这是您的 1 张入场券");
        }
        else if(receiveMoney==20)
        {  while(fiveNumber<1||tenNumber<1)
            {   try {  System.out.println(Thread.currentThread().getName()+
                "靠边等");
                    wait();
                    System.out.println(Thread.currentThread().getName()+
                    "结束等待");
                }
              catch(InterruptedException e) {}
            }
          fiveNumber=fiveNumber-1;
          tenNumber=tenNumber-1;
          twentyNumber=twentyNumber+1;
          System.out.println(Thread.currentThread().getName()+
          "给我 20 元钱，找您一张 5 元和一张 10 元，这是您的 1 张入场券");

        }
        notifyAll();
    }
}
class Cinema implements Runnable
{  Thread zhang,sun,zhao;
   TicketSeller seller;
   Cinema()
   {  zhang=new Thread(this);
      sun=new Thread(this);
      zhao=new Thread(this);
      zhang.setName("张小有");
      sun.setName("孙大名");
      zhao.setName("赵中堂");
      seller=new TicketSeller();
   }
   public void run()
   {  if(Thread.currentThread()==zhang)
       {  seller.sellTicket(20);
       }
       else if(Thread.currentThread()==sun)
       {  seller.sellTicket(10);
       }
       else if(Thread.currentThread()==zhao)
```

```
        { seller.sellTicket(5);
        }
    }
}
```

2. **E.java**

```
public class E {
   public static void main(String args[]) {
      ClassRoom room6501=new ClassRoom();
      room6501.student1.start();
      room6501.student2.start();
      room6501.teacher.start();
   }
}
```

ClassRoom.java

```
public class ClassRoom implements Runnable {
   Thread student1,student2,teacher;
   ClassRoom() {
       teacher=new Thread(this);
       student1=new Thread(this);
       student2=new Thread(this);
       teacher.setName("王教授");
       student1.setName("张三");
       student2.setName("李四");
   }
   public void run(){
      if(Thread.currentThread()==student1) {
         try{ System.out.println(student1.getName()+"正在睡觉，不听课");
              Thread.sleep(1000*60*10);
         }
         catch(InterruptedException e) {
              System.out.println(student1.getName()+" 被 "+teacher.getName()+
              "叫醒了");
         }
         System.out.println(student1.getName()+"开始听课");
         student2.interrupt();
      }
      else if(Thread.currentThread()==student2) {
         try{ System.out.println(student2.getName()+"正在睡觉，不听课");
              Thread.sleep(1000*60*60);
         }
         catch(InterruptedException e) {
              System.out.println
             (student2.getName()+"被"+student1.getName()+"叫醒了");
         }
         System.out.println(student2.getName()+"开始听课");
      }
      else if(Thread.currentThread()==teacher)  {
         for(int i=1;i<=3;i++) {
            System.out.println("上课!");
```

```
            try{ Thread.sleep(500);
            }
            catch(InterruptedException e){}
         }
         student1.interrupt();           //吵醒 student1
      }
   }
}
```

3. **E.java**

```
public class E {
   public static void main(String args[]) {
     ThreadJoin  a=new ThreadJoin();
     Thread driver=new Thread(a);
     Thread worker=new Thread(a);
     Thread administrator=new Thread(a);
     driver.setName("货车司机");
     worker.setName("装运工");
     administrator.setName("仓库管理员");
     a.setThread(driver,worker,administrator);
     driver.start();
   }
}
```

ThreadJoin.java

```
public class ThreadJoin implements Runnable {
   Thread driver,worker,administrator;
   public void setThread(Thread ... t) {
      driver=t[0];
      worker=t[1];
      administrator=t[2];
   }
   public void run() {
      if(Thread.currentThread()==driver) {
          System.out.println(driver.getName()+"等待"+
                            worker.getName()+"搬运货物");
          try{ worker.start();
               worker.join();          //当前线程开始等待 worker 结束
          }
          catch(InterruptedException e){}
          System.out.println(driver.getName()+
                         "启动车辆，拉着货物离开了");
      }
      else if(Thread.currentThread()==worker) {
          System.out.println(worker.getName()+"等待"+administrator.
          getName()+"打开仓库门");
          try{ administrator.start();
               administrator.join(); //当前线程开始等待 administrator 结束
          }
          catch(InterruptedException e){}
          System.out.println(worker.getName()+"给车辆装载货物完毕");
```

```
        }
        else if(Thread.currentThread()==administrator) {
           System.out.println(administrator.getName()+"开始打开仓库的门,请
           稍等...");
           try { Thread.sleep(2000);
           }
           catch(InterruptedException e){}
           System.out.println(administrator.getName()+"打开了仓库门。");
        }
     }
  }
```

习题 13（第 13 章）

一、问答题

1．一个 URL 对象通常包含最基本的 3 部分信息，即协议、地址、资源。

2．URL 对象调用 InputStream openStream()方法可以返回一个输入流，该输入流指向 URL 对象所包含的资源。通过该输入流可以将服务器上的资源信息读入到客户端。

3．客户端的套接字和服务器端的套接字通过输入和输出流互相连接后进行通信。

4．使用 accept()方法会返回一个和客户端 Socket 对象相连接的 Socket 对象。accept()方法会堵塞线程的继续执行，直到接收到客户的呼叫。

5．域名/IP。

二、编程题

1．客户端

```
import java.net.*;
import java.io.*;
import java.awt.*;
import java.awt.event.*;
import javax.swing.*;
public class Client
{  public static void main(String args[])
   {  new ComputerClient();
   }
}
class ComputerClient extends Frame implements Runnable,ActionListener
{  Button connection,send;
   TextField inputText,showResult;
   Socket socket=null;
   DataInputStream in=null;
   DataOutputStream out=null;
   Thread thread;
   ComputerClient()
   {  socket=new Socket();
      setLayout(new FlowLayout());
      Box box=Box.createVerticalBox();
      connection=new Button("连接服务器");
      send=new Button("发送");
```

```
    send.setEnabled(false);
    inputText=new TextField(12);
    showResult=new TextField(12);
    box.add(connection);
    box.add(new Label("输入三角形三边的长度,用逗号或空格分隔:"));
    box.add(inputText);
    box.add(send);
    box.add(new Label("收到的结果: "));
    box.add(showResult);
    connection.addActionListener(this);
    send.addActionListener(this);
    thread=new Thread(this);
    add(box);
    setBounds(10,30,300,400);
    setVisible(true);
    validate();
    addWindowListener(new WindowAdapter()
              { public void windowClosing(WindowEvent e)
                     { System.exit(0);
                     }
              });
}
public void actionPerformed(ActionEvent e)
{ if(e.getSource()==connection)
  { try //请求和服务器建立套接字连接
    { if(socket.isConnected())
        {}
     else
        { InetAddress address=InetAddress.getByName("127.0.0.1");
          InetSocketAddress socketAddress=new InetSocketAddress(address,
          4331);
          socket.connect(socketAddress);
          in=new DataInputStream(socket.getInputStream());
          out=new DataOutputStream(socket.getOutputStream());
          send.setEnabled(true);
          thread.start();
        }
    }
    catch(IOException ee){}
  }
 if(e.getSource()==send)
  { String s=inputText.getText();
    if(s!=null)
     { try { out.writeUTF(s);
           }
       catch(IOException e1){}
     }
  }
}
public void run()
{ String s=null;
  while(true)
```

```
        {    try{ s=in.readUTF();
                  showResult.setText(s);
              }
            catch(IOException e)
              {  showResult.setText("与服务器已断开");
                     break;
              }
        }
    }
}
```

服务器端

```
import java.io.*;
import java.net.*;
import java.util.*;
public class Server
{  public static void main(String args[])
   {  ServerSocket server=null;
      Server_thread thread;
      Socket you=null;
      while(true)
       {  try{  server=new ServerSocket(4331);
             }
          catch(IOException e1)
              {  System.out.println("正在监听");  //ServerSocket对象不能重复创建
           }
          try{  System.out.println(" 等待客户呼叫");
              you=server.accept();
              System.out.println("客户的地址:"+you.getInetAddress());
             }
         catch(IOException e)
             {  System.out.println("正在等待客户");
             }
         if(you!=null)
             {  new Server_thread(you).start(); //为每个客户启动一个专门的线程
          }
       }
   }
}
class Server_thread extends Thread
{  Socket socket;
   DataOutputStream out=null;
   DataInputStream in=null;
   String s=null;
   boolean quesion=false;
   Server_thread(Socket t)
   {  socket=t;
      try { out=new DataOutputStream(socket.getOutputStream());
            in=new DataInputStream(socket.getInputStream());
          }
      catch(IOException e)
          {}
```

```
    }
    public void run()
    {  while(true)
       {  double a[]=new double[3];
          int i=0;
          try{  s=in.readUTF();  //堵塞状态，除非读取到信息
                quesion=false;
                StringTokenizer fenxi=new StringTokenizer(s," ,");
                 while(fenxi.hasMoreTokens())
                   {  String temp=fenxi.nextToken();
                      try{  a[i]=Double.valueOf(temp).doubleValue();i++;
                         }
                      catch(NumberFormatException e)
                         {  out.writeUTF("请输入数字字符");
                            quesion=true;
                         }
                   }
                if(quesion==false)
                {  double p=(a[0]+a[1]+a[2])/2.0;
                   out.writeUTF(" "+Math.sqrt(p*(p-a[0])*(p-a[1])*(p-a[2])));
                }
            }
          catch(IOException e)
            {  System.out.println("客户离开");
               return;
            }
       }
    }
}
```

2. Client.java

```
import java.net.*;
import java.io.*;
import java.awt.*;
import java.awt.event.*;
import javax.swing.*;
public class Client
{  public static void main(String args[])
   {  new ChatClient();
   }
}
class ChatClient extends Frame implements Runnable,ActionListener
{  Button connection,send;
   TextField inputName,inputContent;
   TextArea chatResult;
   Socket socket=null;
   DataInputStream in=null;
   DataOutputStream out=null;
   Thread thread;
   String name="";
   public ChatClient()
   {  socket=new Socket();
```

```
    Box box1=Box.createHorizontalBox();
    connection=new Button("连接服务器");
    send=new Button("发送");
    send.setEnabled(false);
    inputName=new TextField(6);
    inputContent=new TextField(22);
    chatResult=new TextArea();
    box1.add(new Label("输入昵称:"));
    box1.add(inputName);
    box1.add(connection);
    Box box2=Box.createHorizontalBox();
    box2.add(new Label("输入聊天内容:"));
    box2.add(inputContent);
    box2.add(send);
    connection.addActionListener(this);
    send.addActionListener(this);
    thread=new Thread(this);
    add(box1,BorderLayout.NORTH);
    add(box2,BorderLayout.SOUTH);
    add(chatResult,BorderLayout.CENTER);
    setBounds(10,30,400,280);
    setVisible(true);
    validate();
    addWindowListener(new WindowAdapter()
                { public void windowClosing(WindowEvent e)
                      { System.exit(0);
                      }
                });
 }
 public void actionPerformed(ActionEvent e)
 { if(e.getSource()==connection)
   { try
       { if(socket.isConnected())
            {}
         else
            { InetAddress address=InetAddress.getByName("127.0.0.1");
              InetSocketAddress socketAddress=new InetSocketAddress(address,666);
              socket.connect(socketAddress);
              in=new DataInputStream(socket.getInputStream());
              out=new DataOutputStream(socket.getOutputStream());
              name=inputName.getText();
              out.writeUTF("姓名:"+name);
              send.setEnabled(true);
              if(!(thread.isAlive()))
                 thread=new Thread(this);
              thread.start();
            }
       }
       catch(IOException ee){}
   }
  if(e.getSource()==send)
   { String s=inputContent.getText();
```

```
        if(s!=null)
          {  try{ out.writeUTF("聊天内容:"+name+":"+s);
                }
             catch(IOException e1){}
          }
      }
   }
   public void run()
   {  String s=null;
      while(true)
       {    try{  s=in.readUTF();
                  chatResult.append("\n"+s);
               }
           catch(IOException e)
              {  chatResult.setText("与服务器已断开");
                 try { socket.close();
                     }
                 catch(Exception exp) {}
                 break;
              }
       }
   }
}
```

ChatServer.java

```
import java.io.*;
import java.net.*;
import java.util.*;
public class ChatServer
{  public static void main(String args[])
   { ServerSocket server=null;
     Socket you=null;
     Hashtable peopleList;
     peopleList=new Hashtable();
     while(true)
         {try{  server=new ServerSocket(666);
             }
          catch(IOException e1)
             {  System.out.println("正在监听");
             }
          try{  you=server.accept();
                InetAddress address=you.getInetAddress();
                System.out.println("客户的IP:"+address);
             }
          catch(IOException e) {}
          if(you!=null)
             { Server_thread peopleThread=new Server_thread(you,peopleList);
               peopleThread.start();
             }
          else {  continue;
             }
         }
```

```
    }
}
class Server_thread extends Thread
{  String name=null;
   Socket socket=null;
   File file=null;
   DataOutputStream out=null;
   DataInputStream in=null;
   Hashtable peopleList=null;
   Server_thread(Socket t,Hashtable list)
      { peopleList=list;
        socket=t;
        try { in=new DataInputStream(socket.getInputStream());
              out=new DataOutputStream(socket.getOutputStream());
            }
        catch(IOException e) {}
       }
  public void run()
  {   while(true)
      { String s=null;
        try{
            s=in.readUTF();
            if(s.startsWith("姓名:"))
              { name=s;
                boolean boo=peopleList.containsKey(name);
                if(boo==false)
                  { peopleList.put(name,this);
                  }
                else
                  { out.writeUTF("请换昵称:");
                    socket.close();
                    break;
                  }
              }
            else if(s.startsWith("聊天内容"))
              {  String message=s.substring(s.indexOf(":")+1);
                 Enumeration chatPersonList=peopleList.elements();
                 while(chatPersonList.hasMoreElements())
                 {     ((Server_thread)chatPersonList.nextElement()).out.writeUTF
                       ("聊天内容:"+ message);
                 }
              }
            }
        catch(IOException ee)
           {     Enumeration chatPersonList=peopleList.elements();
                 while(chatPersonList.hasMoreElements())
                   { try
                     {  Server_thread th=(Server_thread)chatPersonList.
                        nextElement();
                        if(th!=this&&th.isAlive())
                         { th.out.writeUTF("客户离线:"+name);
                         }
```

```
                }
                catch(IOException eee){}
              }
            peopleList.remove(name);
            try{ socket.close();
               }
            catch(IOException eee){}
            System.out.println(name+"客户离开了");
            break;
        }
     }
  }
}
```

3. 广播：BroadCastWord.java

```
import java.io.*;
import java.net.*;
import java.awt.*;
import java.awt.event.*;
import javax.swing.Timer;
public class BroadCastWord extends Frame implements ActionListener
{  int port;
   InetAddress group=null;
   MulticastSocket socket=null;
   Timer time=null;
   FileDialog open=null;
   Button select,开始广播,停止广播;
   File file=null;
   String FileDir=null,fileName=null;
   FileReader in=null;
   BufferedReader bufferIn=null;
   int token=0;
   TextArea 显示正在播放内容,显示已播放的内容;
   public BroadCastWord()
   {  super("单词广播系统");
      select=new Button("选择要广播的文件");
      开始广播=new Button("开始广播");
      停止广播=new Button("停止广播");
      select.addActionListener(this);
      开始广播.addActionListener(this);
      停止广播.addActionListener(this);
      time=new Timer(2000,this);
      open=new FileDialog(this,"选择要广播的文件",FileDialog.LOAD);
      显示正在播放内容=new TextArea(10,10);
      显示正在播放内容.setForeground(Color.blue);
      显示已播放的内容=new TextArea(10,10);
      Panel north=new Panel();
      north.add(select);
      north.add(开始广播);
      north.add(停止广播);
      add(north,BorderLayout.NORTH);
      Panel center=new Panel();
```

```
        center.setLayout(new GridLayout(1,2));
        center.add(显示正在播放内容);
        center.add(显示已播放的内容);
        add(center,BorderLayout.CENTER);
        validate();
        try
        {  port=5000;
           group=InetAddress.getByName("239.255.0.0");
           socket=new MulticastSocket(port);
           socket.setTimeToLive(1);
           socket.joinGroup(group);
          }
      catch(Exception e)
         { System.out.println("Error: "+ e);
         }
    setBounds(100,50,360,380);
    setVisible(true);
    addWindowListener(new WindowAdapter()
                       { public void windowClosing(WindowEvent e)
                         { System.exit(0);
                           }
                         });
    }
   public void actionPerformed(ActionEvent e)
   {  if(e.getSource()==select)
       {显示已播放的内容.setText(null);
        open.setVisible(true);
        fileName=open.getFile();
        FileDir=open.getDirectory();
        if(fileName!=null)
         { time.stop();
           file=new File(FileDir,fileName);
           try
              {  file=new File(FileDir,fileName);
                 in=new FileReader(file);
                 bufferIn=new BufferedReader(in);
              }
           catch(IOException ee) { }
          }
       }
     else if(e.getSource()==开始广播)
       {  time.start();
       }
     else if(e.getSource()==time)
       {  String s=null;
          try{  if(token==-1)
                   { file=new File(FileDir,fileName);
                     in=new FileReader(file);
                     bufferIn=new BufferedReader(in);
                   }
                s=bufferIn.readLine();
                if(s!=null)
```

```
            { token=0;
              显示正在播放内容.setText("正在广播的内容:\n"+s);
              显示已播放的内容.append(s+"\n");
              DatagramPacket packet=null;
              byte data[]=s.getBytes();
              packet=new DatagramPacket(data,data.length,group,port);
              socket.send(packet);
            }
          else
            { token=-1;
            }
        }
      catch(IOException ee) { }
    }
  else if(e.getSource()==停止广播)
    { time.stop();
    }
 }
public static void main(String[] args)
  { BroadCastWord broad=new BroadCastWord();
  }
}
```

收听：Receive.java

```
import java.net.*;
import java.awt.*;
import java.awt.event.*;
public class Receive extends Frame implements Runnable,ActionListener
{ int port;
  InetAddress group=null;
  MulticastSocket socket=null;
  Button 开始接收,停止接收;
  TextArea 显示正在接收内容,显示已接收的内容;
  Thread thread;
  boolean 停止=false;
  public Receive()
   { super("定时接收信息");
     thread=new Thread(this);
     开始接收=new Button("开始接收");
     停止接收=new Button("停止接收");
     停止接收.addActionListener(this);
     开始接收.addActionListener(this);
     显示正在接收内容=new TextArea(10,10);
     显示正在接收内容.setForeground(Color.blue);
     显示已接收的内容=new TextArea(10,10);
     Panel north=new Panel();
     north.add(开始接收);
     north.add(停止接收);
     add(north,BorderLayout.NORTH);
     Panel center=new Panel();
     center.setLayout(new GridLayout(1,2));
     center.add(显示正在接收内容);
```

```
      center.add(显示已接收的内容);
      add(center,BorderLayout.CENTER);
      validate();
      port=5000;
      try{ group=InetAddress.getByName("239.255.0.0");
         socket=new MulticastSocket(port);
         socket.joinGroup(group);
        }
     catch(Exception e) { }
     setBounds(100,50,360,380);
     setVisible(true);
     addWindowListener(new WindowAdapter()
                    { public void windowClosing(WindowEvent e)
                      { System.exit(0);
                      }
                    });

   }
  public void actionPerformed(ActionEvent e)
   { if(e.getSource()==开始接收)
      { 开始接收.setBackground(Color.blue);
        停止接收.setBackground(Color.gray);
        if(!(thread.isAlive()))
          { thread=new Thread(this);
          }
        try{ thread.start();
             停止=false;
          }
        catch(Exception ee) { }
      }
     if(e.getSource()==停止接收)
      { 开始接收.setBackground(Color.gray);
        停止接收.setBackground(Color.blue);
        thread.interrupt();
        停止=true;
      }
   }
  public void run()
   { while(true)
     {  byte data[]=new byte[8192];
        DatagramPacket packet=null;
        packet=new DatagramPacket(data,data.length,group,port);
        try{ socket.receive(packet);
             String message=new String(packet.getData(),0,packet.getLength());
             显示正在接收内容.setText("正在接收的内容:\n"+message);
             显示已接收的内容.append(message+"\n");
         }
       catch(Exception e)  { }
       if(停止==true)
           { break;
           }
     }
```

```
  }
public static void main(String args[])
  {  new Receive();
  }
}
```

习题 14（第 14 章）

一、问答题

1. 两个参数。
2. 6 个参数。
3. 7 个参数。
4.（1）创建 AffineTransform 对象；（2）进行旋转操作；（3）绘制旋转的图形。

二、编程题

1.

```
import java.awt.*;
import javax.swing.*;
class MyCanvas extends Canvas {
  static int pointX[]=new int[5],
       pointY[]=new int[5];
   public void paint(Graphics g) {
      g.translate(200,200);  //进行坐标变换,将新的坐标原点设置为(200,200)
      pointX[0]=0;
      pointY[0]=-120;
      double arcAngle=(72*Math.PI)/180;
      for(int i=1;i<5;i++) {
         pointX[i]=(int)(pointX[i-1]*Math.cos(arcAngle)-pointY[i-1]*Math.
         sin(arcAngle));
         pointY[i]=(int)(pointY[i-1]*Math.cos(arcAngle)+pointX[i-1]*Math.
         sin(arcAngle));
      }
      g.setColor(Color.red);
      int startX[]={pointX[0],pointX[2],pointX[4],pointX[1],pointX[3],
      pointX[0]};
      int startY[]={pointY[0],pointY[2],pointY[4],pointY[1],pointY[3],
      pointY[0]};
      g.drawPolygon(startX,startY,6);
   }
}
public class E {
   public static void main(String args[]) {
      JFrame f=new JFrame();
      f.setSize(500,450);
      f.setVisible(true);
      MyCanvas canvas=new MyCanvas();
      f.add(canvas,"Center");
      f.validate();
      f.setDefaultCloseOperation(JFrame.DISPOSE_ON_CLOSE);
   }
```

```
}
```

2.
```
import java.awt.*;
import javax.swing.*;
import java.awt.geom.*;
class MyCanvas extends Canvas {
   public void paint(Graphics g) {
     g.setColor(Color.red);
      Graphics2D g_2d=(Graphics2D)g;
      QuadCurve2D quadCurve=
      new QuadCurve2D.Double(2,10,51,90,100,10);
      g_2d.draw(quadCurve);
      quadCurve.setCurve(2,100,51,10,100,100);
      g_2d.draw(quadCurve);
   }
}
public class E {
   public static void main(String args[]) {
      JFrame f=new JFrame();
      f.setSize(500,450);
      f.setVisible(true);
      MyCanvas canvas=new MyCanvas();
      f.add(canvas,"Center");
      f.validate();
      f.setDefaultCloseOperation(JFrame.DISPOSE_ON_CLOSE);
   }
}
```

3.
```
import java.awt.*;
import javax.swing.*;
import java.awt.geom.*;
class MyCanvas extends Canvas {
   public void paint(Graphics g) {
      g.setColor(Color.red);
      Graphics2D g_2d=(Graphics2D)g;
      CubicCurve2D cubicCurve=
      new CubicCurve2D.Double(0,70,70,140,140,0,210,70);
      g_2d.draw(cubicCurve);
   }
}
public class E {
   public static void main(String args[]) {
      JFrame f=new JFrame();
      f.setSize(500,450);
      f.setVisible(true);
      MyCanvas canvas=new MyCanvas();
      f.add(canvas,"Center");
      f.validate();
      f.setDefaultCloseOperation(JFrame.DISPOSE_ON_CLOSE);
   }
}
```

4.
```
import java.awt.*;
import javax.swing.*;
import java.awt.geom.*;
class Flower extends Canvas
{  public void paint(Graphics g)
   {  Graphics2D g_2d=(Graphics2D)g;
      //花叶两边的曲线
      QuadCurve2D
      curve_1=new QuadCurve2D.Double(200,200,150,160,200,100);
      CubicCurve2D curve_2=
      new CubicCurve2D.Double(200,200,260,145,190,120,200,100);
      //花叶中的纹线
      Line2D line=new Line2D.Double(200,200,200,110);
      QuadCurve2D leaf_line1=
      new QuadCurve2D.Double(200,180,195,175,190,170);
      QuadCurve2D leaf_line2=
      new QuadCurve2D.Double(200,180,210,175,220,170);
      QuadCurve2D leaf_line3=
      new QuadCurve2D.Double(200,160,195,155,190,150);
      QuadCurve2D leaf_line4=
      new QuadCurve2D.Double(200,160,214,155,220,150);
      //利用旋转来绘制花朵
      AffineTransform trans=new AffineTransform();
      for(int i=0;i<6;i++)
      {   trans.rotate(60*Math.PI/180,200,200);
          g_2d.setTransform(trans);
          GradientPaint gradient_1=
          new GradientPaint(200,200,Color.green,200,100,Color.yellow);
          g_2d.setPaint(gradient_1);
          g_2d.fill(curve_1);
          GradientPaint gradient_2=new
          GradientPaint(200,145,Color.green,260,145,Color.red,true);
          g_2d.setPaint(gradient_2);
          g_2d.fill(curve_2);
          Color c3=new Color(0,200,0); g_2d.setColor(c3);
          g_2d.draw(line);
          g_2d.draw(leaf_line1); g_2d.draw(leaf_line2);
          g_2d.draw(leaf_line3); g_2d.draw(leaf_line4);
      }
      //花瓣中间的花蕾曲线
      QuadCurve2D center_curve_1=
      new QuadCurve2D.Double(200,200,190,185,200,180);
      AffineTransform trans_1=new AffineTransform();
      for(int i=0;i<12;i++)
      {  trans_1.rotate(30*Math.PI/180,200,200);
         g_2d.setTransform(trans_1);
         GradientPaint gradient_3=
         new GradientPaint(200,200,Color.red,200,180,Color.yellow);
         g_2d.setPaint(gradient_3);
         g_2d.fill(center_curve_1);
      }
   }
```

```
}
public class E {
   public static void main(String args[]) {
      JFrame f=new JFrame();
      f.setSize(500,450);
      f.setVisible(true);
      Flower canvas=new Flower();
      f.add(canvas,"Center");
      f.validate();
      f.setDefaultCloseOperation(JFrame.DISPOSE_ON_CLOSE);
  }
}
```

5.
```
import java.awt.*;
import javax.swing.*;
import java.awt.geom.*;
class Moon extends Canvas
{  public void paint(Graphics g)
   {  Graphics2D g_2d=(Graphics2D)g;
      Ellipse2D ellipse1=
      new Ellipse2D.Double(20,80,60,60),
      ellipse2=
      new Ellipse2D.Double(40,80,80,80);
      g_2d.setColor(Color.white);
      Area a1=new Area(ellipse1),
           a2=new Area(ellipse2);
      a1.subtract(a2);  //"差"
      g_2d.fill(a1);
   }
}
public class E {
   public static void main(String args[]) {
      JFrame f=new JFrame();
      f.setSize(500,450);
      f.setVisible(true);
      Moon moon=new Moon();
      moon.setBackground(Color.black);
      f.add(moon,"Center");
      f.validate();
      f.setDefaultCloseOperation(JFrame.DISPOSE_ON_CLOSE);
  }
}
```

习题 15（第 15 章）

一、问答题

1．LinkedList 使用链式存储结构，ArrayList 使用顺序存储结构。

2．迭代器遍历在找到集合中的一个对象的同时也得到待遍历的后继对象的引用，因此使用迭代器可以快速地遍历集合。

3. 不是。

4. 用 HashMap<K, V>来存储。

二、阅读程序题

1. 8

2. ABCD

三、编程题

1.
```
import java.util.*;
public class E {
   public static void main(String args[]) {
      Stack<Integer> stack=new Stack<Integer>();
      stack.push(new Integer(3));
      stack.push(new Integer(8));
      int k=1;
      while(k<=10) {
        for(int i=1;i<=2;i++) {
          Integer F1=stack.pop();
          int f1=F1.intValue();
          Integer F2=stack.pop();
          int f2=F2.intValue();
          Integer temp=new Integer(2*f1+2*f2);
          System.out.println(""+temp.toString());
          stack.push(temp);
          stack.push(F2);
          k++;
        }
      }
   }
}
```

2.
```
import java.util.*;
class Student implements Comparable {
   int english=0;
   String name;
   Student(int english,String name) {
      this.name=name;
      this.english=english;
   }
   public int compareTo(Object b) {
      Student st=(Student)b;
      return (this.english-st.english);
   }
}
public class E {
  public static void main(String args[]) {
     List<Student> list=new LinkedList<Student>();
     int score[]={65,76,45,99,77,88,100,79};
     String name[]={"张三","李四","旺季","加戈","为哈","周和","赵李","将集"};
     for(int i=0;i<score.length;i++){
           list.add(new Student(score[i],name[i]));
```

```
        }
        Iterator<Student> iter=list.iterator();
        TreeSet<Student> mytree=new TreeSet<Student>();
        while(iter.hasNext()){
            Student stu=iter.next();
            mytree.add(stu);
        }
        Iterator<Student> te=mytree.iterator();
        while(te.hasNext()) {
           Student stu=te.next();
           System.out.println(""+stu.name+" "+stu.english);
        }
     }
   }
```

3.

```
import java.util.*;
class UDiscKey implements Comparable {
   double key=0;
   UDiscKey(double d) {
     key=d;
   }
   public int compareTo(Object b) {
     UDiscKey disc=(UDiscKey)b;
     if((this.key-disc.key)==0)
        return -1;
     else
        return (int)((this.key-disc.key)*1000);
   }
}
class UDisc{
    int amount;
    double price;
    UDisc(int m,double e) {
       amount=m;
       price=e;
   }
}
public class E {
   public static void main(String args[]){
      TreeMap<UDiscKey,UDisc>  treemap=new TreeMap<UDiscKey,UDisc>();
      int amount[]={1,2,4,8,16};
      double price[]={867,266,390,556};
      UDisc UDisc[]=new UDisc[4];
      for(int k=0;k<UDisc.length;k++) {
         UDisc[k]=new UDisc(amount[k],price[k]);
      }
      UDiscKey key[]=new UDiscKey[4];
      for(int k=0;k<key.length;k++) {
         key[k]=new UDiscKey(UDisc[k].amount);
      }
      for(int k=0;k<UDisc.length;k++) {
         treemap.put(key[k],UDisc[k]);
```

```
        }
        int number=treemap.size();
        Collection<UDisc> collection=treemap.values();
        Iterator<UDisc> iter=collection.iterator();
        while(iter.hasNext()) {
           UDisc disc=iter.next();
           System.out.println(""+disc.amount+"G "+disc.price+"元");
        }
        treemap.clear();
        for(int k=0;k<key.length;k++) {
           key[k]=new UDiscKey(UDisc[k].price);
        }
        for(int k=0;k<UDisc.length;k++) {
           treemap.put(key[k],UDisc[k]);
        }
        number=treemap.size();
        collection=treemap.values();
        iter=collection.iterator();
        while(iter.hasNext()) {
           UDisc disc=iter.next();
           System.out.println(""+disc.amount+"G "+disc.price+"元");
        }
     }
}
```

图书资源支持

感谢您一直以来对清华版图书的支持和爱护。为了配合本书的使用，本书提供配套的资源，有需求的读者请扫描下方的“书圈”微信公众号二维码，在图书专区下载，也可以拨打电话或发送电子邮件咨询。

如果您在使用本书的过程中遇到了什么问题，或者有相关图书出版计划，也请您发邮件告诉我们，以便我们更好地为您服务。

我们的联系方式：

地　　址：北京市海淀区双清路学研大厦 A 座 714

邮　　编：100084

电　　话：010-83470236　010-83470237

客服邮箱：2301891038@qq.com

QQ：2301891038（请写明您的单位和姓名）

资源下载：关注公众号“书圈”下载配套资源。

资源下载、样书申请

书圈

获取最新书目

观看课程直播